轨道交通建造关键技术研究丛书

高压特长燃气管纵跨地铁车站基坑原位保护关键技术

张 智 蒋宗全 李 围 著

中国铁道出版社有限公司

2020年·北京

图书在版编目(CIP)数据

高压特长燃气管纵跨地铁车站基坑原位保护关键技术/张智,蒋宗全,李围著.—北京:中国铁道出版社有限公司,2020.12
(轨道交通建造关键技术研究丛书)
ISBN 978-7-113-27229-6

Ⅰ.①高… Ⅱ.①张… ②蒋… ③李… Ⅲ.①城市燃气-输气管道-管道跨越-地下铁道车站-基坑-劳动保护 Ⅳ.①TU996.7

中国版本图书馆 CIP 数据核字(2020)第 162384 号

书　名：轨道交通建造关键技术研究丛书
　　　　高压特长燃气管纵跨地铁车站基坑原位保护关键技术
作　者：张　智　蒋宗全　李　围

策划编辑：傅希刚
责任编辑：张　瑜　　　　　编辑部电话：(010)51873017
封面设计：郑春鹏
责任校对：苗　丹
责任印制：高春晓

出版发行：中国铁道出版社有限公司(100054,北京市西城区右安门西街8号)
网　　址：http://www.tdpress.com
印　　刷：国铁印务有限公司
版　　次：2020年12月第1版　2020年12月第1次印刷
开　　本：880 mm×1 230 mm　1/32　印张：6.75　字数：184 千
书　　号：ISBN 978-7-113-27229-6
定　　价：39.00 元

版权所有　侵权必究

凡购买铁道版图书,如有印制质量问题,请与本社读者服务部联系调换。
联系电话:(010)51873174
打击盗版举报电话:(010)63549461

编 委 会

主　任：沈卫平　蒋宗全　曹玉新　张　智
副主任：向　建　和孙文　王　成　孟庆明
　　　　　李　围　王国义
委　员：任国庆　唐　斌　贺蕾铭　赵晓阳
　　　　　吴良成　温少鹏　靳利安　文仁广
　　　　　叶至盛　彭智辉　索晓华　伍贤维
　　　　　肖　锋　魏胜波　陈建乐　李　宁
　　　　　房师涛　石卓矗　杜书光　郭　强
　　　　　钟海军　吕　攀　王　博　罗万武
　　　　　李宗奇　李法永　从会涛　文多祥
　　　　　史春阳　陈　旭　郭柏里　张　文
　　　　　郭振华　文一鸣　梁高峰　祁海峰
　　　　　管庆波　张春芳　余相君　陈圆云

序

　　成都地铁 4 号线二期工程线路全长约 20.958 km，分东西延伸线两部分。西延线长 10.895 km，位于温江区，起于万盛站，终于 4 号线一期工程起点非遗博览园站。东延线长 10.063 km，位于成华区，起于 4 号线一期工程终点万年场站，终于西河镇站。工程总投资 55 亿元，由中国电建采用"投融资＋设计施工总承包＋回报"的建设模式建设。

　　工程范围涵盖车站和区间的土建、安装装修和轨道工程。全线共设车站 14 座（12 座地下站、1 座地面站、1 座高架站），其中换乘站 4 座。全线正线共有 12 个盾构区间、7 段明挖区间、1 段矿山法隧道，扩建文家车辆段 1 座，大学城主变电所 1 座，新建西河停车场 1 座。

　　成都地铁 4 号线二期工程项目于 2013 年 11 月 28 日开工；2016 年 5 月"洞通"；2016 年 10 月"轨通"；2016 年 12 月全线"电通"；2017 年 1 月空载试运行；2017 年 6 月 2 日开通试运营。

　　在建设中形成了"一二三四"的管理方法：

　　"一"为树立一个理念（全力以赴攻难关、一丝不苟做细节、精工良建筑完美、把握今天创未来）；

　　"二"为抓好两部建设（抓好指挥部和标段项目部的建设工作）；

　　"三"为推进三化管理（标准化、规范化、专业化）；

"四"为布局四维发展(施工进度勇争先、现场管理树品牌、信誉考评创第一、在建项目拓市场)。

由于成都地质为典型的砂卵石地层,地下水位高,再加上环境条件复杂,特别是万东区间下穿 10 条股道群,其中成绵乐客专为高铁有砟轨道,沉降控制要求高,施工技术难度大、安全风险高,故进行了如下的技术创新工作:

1. 解决了成都大漂石地层盾构施工难题。成都地铁 4 号线二期西延线高水位富漂石地层盾构施工具有大漂石处理难,滞后地层大变形,刀盘、螺旋输送机卡机,刀盘刀具损伤快、减磨难等一系列世界性难题。通过科技攻关形成了高水位富漂石地层土压平衡盾构掘进成套技术,极大地提升了施工进度,月平均进度指标由开始的 60 m/月提升到 200 m/月以上,改变了成都大漂石地层不适合盾构施工的观念。

2. 有效控制了地铁区间隧道下穿高速铁路沉降。万东区间下穿成绵乐客专为高铁有砟轨道,要求工后沉降不大于 2.5 mm,是隧道下穿客专路基全国首例。施工中提出加强超前支护、掌子面喷护、仰拱及时封闭、信息化施工等矿山法隧道施工关键技术,将高速铁路无砟轨道沉降控制在 1.2 mm。

3. 研发了高压燃气管纵穿地铁车站基坑原位悬吊施工新技术。施工中采用了恒力弹簧吊架等悬吊保护体系,引入了阴极保护的装置,综合应用了温控喷淋、燃气自动漏气监测等装置,保证了车站施工期间纵跨高压燃气管线安全运行。

4. 地铁轨道整体道床施工新技术。地铁轨道铺设采用新型铺轨机组,解决常见铺轨机组变跨难、无法在不变跨情况下通过车站站台处等难题,引入大量新型设备、研发多种施工机器具,做到轨道施工内实外美。

5. 将BIM技术应用于地铁施工。对车站公共区、设备区通道内管线引入BIM技术,通过三维可视化的方式进行设备、管线布置设计,统一设置了综合支吊架,实现工厂式加工及装配式安装。

6. 地铁首次应用综合管廊技术。西河停车场率先在成都地铁采用综合管廊设计,推行"先地下后地上、永临结合、分区推进"的标准化施工工艺。

通过精细化管理和技术创新工作,实现了主体结构线形控制精确、不渗不漏、内实外美的建设目标,设备安装规范牢固、运行稳定,车站装修特色鲜明,和谐美观。紧扣成都文化发展脉络,演绎"花都新城、文宗蜀韵",装修风格突出"一站一景"理念,凤溪河站——渔舟晚唱,光华公园站——柳城春色,万盛站——儒雅古色,成都大学站——文宗蜀韵。

同时,创造了多个成都地铁第一,连续多次摘得成都地铁季度评比第一名,突破了成都地铁多个移交记录:首站消防检测一次性通过、一次性整体移交、综合联调一次性通过,正线与场段同步一次移交。

为总结成都地铁4号线二期工程建设中所取得的技术创新成果,并进行推广应用,解决中国电建集团所承建的类似地铁工程技术难题,并培养中国电建集团地铁施工技术管理人才,会同科研协同单位,专门总结撰写了《高压特长燃气管纵跨地铁车站基坑原位保护关键技术》,作为中国电建集团地铁施工技术管理人员培训用书,同时也可指导同行编制类似工程的施工技术方案,并为推动地铁行业建设技术水平的进步做出一点贡献。

蒋宗全

2020 年 8 月

前　言

随着我国综合国力的不断增强,中西部地区大中城市经济的快速崛起,越来越多的城市开始建设或者规划城市轨道交通系统,如近年来轨道交通快速发展的西部经济中心成都市。由于城市在发展过程中地下管网作为生命线工程已经运营多年,布置在整个城市的地下空间,特别是沿城市主干道两侧设置的干管系统,对城市轨道交通的设计与施工起到了控制作用,导致城市轨道交通建设中前期将花费大量的人力、物力与财力以及时间去进行管线探测、保护与迁改。

龙星天然气公司 $\phi 377$ 十陵—西河输气管道纵跨成都轨道交通 4 号线东延线十陵站基坑,跨度 230 m,设计压力 4.0 MPa,属于特长高压管道,设计规模 $20 \times 10^4 \ m^3/d$。针对地铁施工过程中不能迁改的纵跨基坑特长高压燃气管,没有相关原位保护案例,如果保护措施不当导致管道爆炸,会产生极其严重的后果,安全风险极大。因此,开展深入的研究,建立一套特长高压燃气管纵跨地铁车站基坑原位悬吊保护关键技术,具有重要意义。

依托十陵站,开展高压特长燃气管纵跨地铁车站悬吊保护技术的研究,提高施工管理水平,扩大地铁施工的市场份额,实现集团公司在地铁领域"进得来、站得住、走得远"的战略目标。主要内容为:地铁车站施工技术及其监测分析;高压特长燃气管纵跨地铁车站悬吊保护技术;高压特长燃气管纵跨地铁车站变形控制技术；高压特长燃气管纵跨地铁车站悬吊保护施工与监测技术。主要技术创新如下：

（1）开发了由主支撑体系和悬吊体系组成的高压特长燃气管纵跨地铁车站基坑原位悬吊技术，悬吊体系由恒力弹簧吊架、吊杆和扁钢管箍组成，主支撑体系由钢筋混凝土横梁、门式钢架、钢桁架支撑梁主梁（两榀321加强型贝雷梁）及其加固梁（I20a 工字钢）和悬吊梁（双拼槽钢）组成。

（2）开发了高压特长燃气管纵跨地铁车站基坑原位保护综合技术，包括燃气管体外包防护（5 cm 厚岩棉板和1 cm 厚橡胶板）、防雷接地、牺牲阳极保护装置、贝雷梁外悬吊刚性防护、警示与警戒以及主体结构顶板施作完成后的燃气管保护技术。

（3）开发了高压特长燃气管纵跨地铁车站基坑变形控制技术，变形控制主要由恒力弹簧吊架、悬吊系统整体防晒棚和自动温控喷淋系统组成，并给出了选取的理论依据。

（4）建立了高压特长燃气管纵跨地铁车站基坑自动化实时监测技术，包括漏气自动报警监测、地层深部位移和燃气管位移三维非接触自动化监测技术以及低功耗无线数据采集，现场监测数据与高压特长燃气管变形有限元三维模拟计算结果一致，最后给出了确保燃气管安全的位移监测预警值与控制值。

高压燃气管纵穿地铁车站基坑原位悬吊施工技术在我国地铁施工过程中尚属首次，其研究成果"高压燃气管纵穿地铁车站基坑原位悬吊施工工法"获中国电力建设集团工法，"一种高压燃气管道的悬吊装置""一种用于露天燃气管道的保护装置""一种用于高压燃气管道与恒力弹簧吊架的连接装置"被授权实用新型专利。高压特长燃气管纵跨地铁车站悬吊保护技术在十陵站的成功应用总共节约成本约400万元,并获2017年度中国电建科学技术奖三等奖。

对迁改难、成本高、影响大的纵跨基坑高压燃气管使用该技术,可以避免管线迁改的难题,加快施工进度,节约迁改费用,从而大大降低施工的时间成本和费用成本。悬吊保护系统中大部分主要设备都是可以重复再利用的,不会造成资源耗费,改迁一次投入大量资源,这些资源一般不会重复使用,资源耗费很大。由于现在地铁施工越来越多,城市中管线密集,遇到与基坑冲突的管线很多,该技术具有广阔的应用前景。

本书撰写分工:第1章、第3章和第5章由成都轨道交通集团有限公司张智撰写;第2章和第7章由中国电建集团铁路建设有限公司蒋宗全撰写;第4章、第6章和第8章由莆田学院闽江学者讲座教授李围撰写,全书由李围统稿。

本书撰写过程中,参阅了许多专家学者发表的论文,在此表示真诚的谢意!

时间仓促,加之水平有限,书中如有不妥之处,恳请同行专家及读者给予批评和指正。

作　者
2020年7月

目　　录

第1章　绪　　论 ·· 1

　1.1　研究背景 ··· 1
　1.2　国内外研究现状 ·· 3
　1.3　研究内容与方法 ·· 8

第2章　依托工程概况 ·· 9

　2.1　十陵站概述 ·· 9
　2.2　工程地质与水文地质 ······································· 10
　2.3　高压燃气管概述 ··· 14

第3章　车站施工技术 ··· 16

　3.1　主要施工方案 ··· 16
　3.2　施工顺序 ··· 19
　3.3　进度计划 ··· 21
　3.4　钻孔灌注桩及冠梁施工 ····································· 24
　3.5　基坑开挖及钢支撑架设 ····································· 36
　3.6　防水施工 ··· 49
　3.7　主体结构施工 ··· 67
　3.8　本章小结 ··· 95

第4章　车站施工监测分析 ······································· 97

　4.1　监测内容、频率、预警及消警 ································ 97
　4.2　监测项目及方法 ·· 100

4.3 监测数据分析 ⋯⋯⋯⋯⋯⋯⋯⋯⋯⋯⋯⋯⋯⋯⋯⋯⋯⋯⋯ 115
4.4 本章小结 ⋯⋯⋯⋯⋯⋯⋯⋯⋯⋯⋯⋯⋯⋯⋯⋯⋯⋯⋯⋯ 126

第 5 章 高压特长燃气管纵跨地铁车站悬吊保护技术 ⋯⋯⋯⋯ 127
5.1 高压特长燃气管纵跨地铁车站基坑原位悬吊技术 ⋯⋯ 127
5.2 高压特长燃气管纵跨地铁车站基坑保护技术 ⋯⋯⋯⋯ 145
5.3 本章小结 ⋯⋯⋯⋯⋯⋯⋯⋯⋯⋯⋯⋯⋯⋯⋯⋯⋯⋯⋯⋯ 152

第 6 章 高压特长燃气管纵跨地铁车站基坑变形控制技术 ⋯⋯ 154
6.1 高压特长燃气管纵跨地铁车站基坑变形控制技术 ⋯ 154
6.2 高压特长燃气管温度变形计算 ⋯⋯⋯⋯⋯⋯⋯⋯⋯⋯ 156
6.3 高压特长燃气管变形三维数值模拟分析 ⋯⋯⋯⋯⋯⋯ 157
6.4 本章小结 ⋯⋯⋯⋯⋯⋯⋯⋯⋯⋯⋯⋯⋯⋯⋯⋯⋯⋯⋯⋯ 164

第 7 章 高压特长燃气管纵跨地铁车站悬吊保护施工技术 ⋯⋯ 166
7.1 施工顺序及材料设备配置 ⋯⋯⋯⋯⋯⋯⋯⋯⋯⋯⋯⋯ 166
7.2 高压特长燃气管纵跨地铁车站基坑原位悬吊施工技术 ⋯ 168
7.3 高压特长燃气管纵跨地铁车站基坑保护施工技术 ⋯ 177
7.4 高压特长燃气管纵跨地铁车站基坑变形控制施工技术 ⋯ 179
7.5 施工安全质量与环保措施 ⋯⋯⋯⋯⋯⋯⋯⋯⋯⋯⋯⋯ 182
7.6 自动化实时监测技术 ⋯⋯⋯⋯⋯⋯⋯⋯⋯⋯⋯⋯⋯⋯ 186
7.7 本章小结 ⋯⋯⋯⋯⋯⋯⋯⋯⋯⋯⋯⋯⋯⋯⋯⋯⋯⋯⋯⋯ 192

第 8 章 研究结论 ⋯⋯⋯⋯⋯⋯⋯⋯⋯⋯⋯⋯⋯⋯⋯⋯⋯⋯⋯ 194
8.1 主要结论 ⋯⋯⋯⋯⋯⋯⋯⋯⋯⋯⋯⋯⋯⋯⋯⋯⋯⋯⋯⋯ 194
8.2 主要创新点 ⋯⋯⋯⋯⋯⋯⋯⋯⋯⋯⋯⋯⋯⋯⋯⋯⋯⋯⋯ 197
8.3 经济效益 ⋯⋯⋯⋯⋯⋯⋯⋯⋯⋯⋯⋯⋯⋯⋯⋯⋯⋯⋯⋯ 197

参考文献 ⋯⋯⋯⋯⋯⋯⋯⋯⋯⋯⋯⋯⋯⋯⋯⋯⋯⋯⋯⋯⋯⋯⋯⋯ 199

第1章 绪 论

1.1 研究背景

随着我国综合国力的不断增强,中西部地区大中城市经济的快速崛起,越来越多的城市开始建设或者规划城市轨道交通系统,如近年来轨道交通快速发展的西部经济中心成都市。由于城市在发展过程中地下管网作为生命线工程已经运营多年,布置在整个城市的地下空间,特别是沿城市主干道两侧设置的干管系统,对城市轨道交通的设计与施工起到了控制作用,导致城市轨道交通建设中前期将花费大量的人力、物力与财力以及时间去进行管线探测、保护与迁改。

城市轨道交通建设中遇到的管线特别多,成都轨道交通4号线东延线万年场站遇到的管线见表1.1。因此,需要对不同类型的管线进行保护与改迁,确保城市轨道交通工程建设中生命线工程的正常运营。

表1.1 万年场站影响管线汇总表

序号	管线	规格、型号	埋深	距基坑最近距离	管线走向
1	燃气	DN529	1.58 m	车站顶板上方	横跨基坑
2	燃气	DN273	1.55 m	车站顶板上方	横跨基坑
3	给水	DN600	1.3 m	车站顶板上方	横跨基坑
4	通信	4 cm×4 cm 波纹管	1.43 m	车站顶板上方	横跨基坑
5	电缆	10 kV	1.5	紧邻冠梁	沿着冠梁、支撑敷设进7号线基坑
6	污水管	DN800,混凝土	3 m	9.2 m	平行车站
7	雨水管	DN1400,混凝土	3 m	9.2 m	平行车站

续上表

序号	管线	规格、型号	埋深	距基坑最近距离	管线走向
8	燃气	DN273,钢	1.27 m	12.5 m	平行车站
9	通信		1.31 m	11.8 m	平行车站
10	给水	DN600	3.2 m	17.2 m	平行车站
11	燃气	DN219	1.5 m	4.5 m	绕车站西端头

王永军等人[1]就南昌轨道交通1号线师大南路站车站施工中无法迁改的110 kV高压管线提出了采用钢筋混凝土梁进行悬吊保护。程万里[2]通过设置桩间挡板和站内盾构平移的措施实现了电力管线的保护需求。戴旭等人[3]以北京地铁12号线蓟门桥车站竖井施工为工程背景,利用FLAC^{3D}软件数值模拟、结合现场实测数据分析,研究了地下管线的水平位移量受竖井施工影响的变化规律,对管线下方的土体进行加固并且提高管线邻近处竖井壁的刚度可有效地减小与竖井邻近处地下管线的水平位移。为了控制新建管线近距离上跨地铁车站时的差异沉降,王凯旋等人[4]利用有限差分法进行求解,结果表明:车站段管线下方土体宜换填弹性模量较大的材料;对于影响段管线,提高管线刚度对于控制差异沉降有一定效果,而注浆加固下卧层土体可明显减小差异沉降。

由于燃气管无法迁改,只能对其进行原位悬吊保护。一般燃气管原位保护的施工技术已经比较成熟,但只针对跨度较小的基坑、管道危险小的情况。

深圳地铁5号线太安站位于繁华城区,DN400次高压燃气管在布心路段横跨车站,结合周边环境、施工条件、改迁的社会影响等因素,崔青玉等人[5]提出对次高压燃气管采取支托保护。次高压燃气管变形控制要求高、风险大,设计了燃气管支托保护参数,并重点对保护结构设计、施工顺序的确定和施工监测等进行了分析探讨。

成都轨道交通4号线东延线龙星天然气公司ϕ377十陵—西河输气管道纵跨十陵站基坑,跨度230 m,设计压力4.0 MPa,属于特长高压管道,设计规模 20×10^4 m³/d。针对地铁施工过程中不能迁改的纵跨基坑特长高压燃气管,没有相关原位保护案例,如果保护措施不当导致管道爆炸,会产生极其严重的后果,安全风险极大。因此,开展深入的研究,建立一套特长高压燃气管纵跨地铁车站基坑原位悬吊保护关键技术具有重要意义。

1.2 国内外研究现状

1. 关于高压燃气管悬吊技术

文献[6]介绍了缅甸—中国的石油和天然气管道项目,文献[7]介绍了悬吊天然气管道的应力分析,文献[8]介绍了浅层地下管线挖掘过程中的变形、安全评估与保护。

文献[9]在某地铁车站工程管线悬吊施工中,根据工程特点制定了采用自制钢梁与军用梁悬吊管线两种技术方案。根据方案建立有限元模型进行数值计算,结果表明自制钢梁不能满足施工安全要求,施工中选择了军用梁悬吊管线。监测结果表明,采用军用梁悬吊污水管线科学合理,技术得当。

文献[10]针对复杂的施工环境,提出以下施工方案:在车站开挖轮廓外侧采用井点降水,并结合坑(洞)内辅助降排措施,尽可能实现无水作业条件;对于主体明挖南北基坑,1号、2号出入口及2号风道的明挖施工采取钻孔桩加钢支撑联合支护型式。对于主体暗挖段下穿广渠路,采用大管棚与小导管联合超前支护,注浆加固地层的方式,分部开挖控制沉降、确保施工安全。3号、4号出入口暗挖段地面埋深浅,上部管线多,采取小导管超前支护的工法。总体施工顺序的安排本着先施工围挡内后施工围挡外,先临时设施后主体结构,先主体后附属,先明挖后暗挖,先结构后建筑,先重点后一般,交叉和平行作业相结合的原则。

地铁施工中经常会遇到地下管线近接的问题,尤其是燃气管道,极大地影响了地铁暗挖隧道的施工安全和施工工期。深圳地铁2号线东延线土建2222标安侨区间施工中,隧道下穿次高压燃气管道时采取了"水平旋喷桩+深孔帷幕注浆地层加固及管线悬吊"的综合保护方案,有效地控制了燃气管的沉降,确保了隧道施工中燃气管道的安全[11]。

2. 关于悬吊燃气管变形控制技术

深圳地铁2号线东延段安托山站—侨香站区间隧道下穿次高压燃气管施工中,采用悬吊保护措施也为矿山法隧道施工和管线的绝对安全带来了技术保障[13]。燃气管保护措施由基础体系和悬吊体系组成。基础体系采用0.8 m×0.8 m的混凝土地基梁+ϕ800钻孔灌注桩基础,桩基础必须嵌入基岩不小于1.5 m;悬吊体系采用型钢组合梁+悬吊筋。

文献[14]公开了一种在富水流砂地层中开挖隧道所遇管线的支护装置,解决了现有的管线悬吊装置所存在的无法调节管线的位移和受力点的缺陷的技术问题。包括基坑(1),在基坑(1)中设置的燃气管线(2)和燃气管线周边原状土(3),在燃气管线(2)的两侧分别设置有钢筋混凝土保护墙(4),在两钢筋混凝土保护墙(4)之间的顶部设置有预制钢筋混凝土盖板(5),在燃气管线(2)的下方间隔地设置有混凝土支墩(8),在混凝土支墩(8)上活动设置有管托支架(9),在管托支架(9)上设置有厚橡胶垫(10),在厚橡胶垫(10)上设置有所述的燃气管线(2)。本实用新型维护了管线原状土不受扰动,大大提高了施工的安全系数。

西安地铁2号线市图书馆站施工车站东侧附属设施时需进行管线悬吊保护[15]。该管道悬吊最大跨度达38 m,为确保地铁施工安全,经反复论证、计算,确定了悬吊保护方案,该方案在施工过程中得到成功运用,为今后西安地铁施工提供了借鉴。采用在天然气管道两侧附属混凝土结构外侧人工挖孔、设置钢立柱并加斜支撑,缩短悬吊保护梁的跨度。

文献[16]针对北方高寒地区冬季土壤冻胀和不均匀沉降造成燃气引入管发生变形的问题,提出并试验了两个解决方案:安装金属波纹管,设置缓冲槽和砂垫层。

深圳地铁 4 号线Ⅱ期工程 K9+105~K9+135 段位于软弱富水地层中,并且隧道在该段下穿一条 508 mm×7.9 mm(外径×厚度)次高压燃气管道(压力 1.6 MPa)。在燃气管道保护的设计与施工中采用了多种处理措施,如采取地面帷幕分舱止水、洞外削土卸荷;洞内全断面注浆、大管棚导向跟进等,对次高压燃气管道的保护发挥了极其重要的作用[17]。

文献[18]在收集、归纳和总结国内外重大地震震损资料的基础上,首先采用现行规范中的理论,对地震波作用下的埋地管道进行理论分析,其次对地震下管道变形进行数值模拟,分析管径、管材、埋深和剪切波速等因素对地震作用下埋地管道变形的影响;最后进行管土试验研究,测算出地震激励下不同埋深管道的最大单位面积抗力、弹性极限单位面积抗力,并根据《室外给水排水和燃气热力工程抗震设计规范》(GB 50032—2003)给出的公式计算出位移传递系数。

3. 关于悬吊燃气管线防腐处理技术

环氧煤沥青是一种冷涂涂料,具有灵活方便的施工特点,是广泛应用于城市埋地管道的防腐涂料。牺牲阳极法阴极保护因其不需电源、管理简单、电流分布均匀,因此广泛应用。文献[19]介绍了管道焊接接头的抗腐蚀抑制涂层技术,文献[20]介绍了双边互动式牺牲阳极保护技术在 PCCP 防腐中的应用。

文献[21]介绍了克拉玛依市区中心城天然气输配工程,埋地管道所采用环氧煤沥青防腐层辅助牺牲阳极法阴极保护防腐技术的应用,分析该防腐技术在城市天然气管道上实际应用效果,并对该防腐技术在城市天然气埋地管道上应用存在的缺陷提出了改进建议,以期不断提高城市天然气管道的建设水平,以利于城市燃气事业的发展。

文献[22]就某燃气轮机发电厂埋地天然气管道保护中使用的牺牲阳极阴极保护系统的原理、构成及作用进行了介绍,为进一步做好金属管道保护的设计和维护工作提供参考。

文献[23]在深圳蛇口燃气管道整改工程中追加了牺牲阳极法阴

极保护,并介绍了系统的管道运行参数勘查及绝缘接头布置,利用 RD-PCM 埋地管道外防腐层检测仪对工程实施过程中遇到的问题进行了探讨和解决。

文献[24]以桂林市某工业园区埋地燃气钢质管道的防腐蚀设计为例,介绍了埋地钢质管道腐蚀的成因、种类、防腐层与阴极保护的设计,着重介绍了镁合金牺牲阳极的工艺计算及主要安装方式等。

4. 关于悬吊燃气管线自动化实时监测技术

文献[25]介绍了基于环向应力测试的管道泄漏检测试验研究。

文献[26]提供一种用于地下管线监测的采集器,包括采集器外壳、控制器、电子标签、电池外壳和锂电池。控制器由微控制器模块、数据采集模块、无线组网模块、调试升级模块以及电源模块构成。在地下管线监测系统中,采集器作为无线传输网络的终端,承担着现场数据采集、数据处理和数据上传的工作,以实现地下管线监测系统对地下管线运行状态的实时监测。

文献[27]提出了一种监测地下管线沉降用的测点装置,包括自下往上依次设置的固定环、连接杆和保护盒,固定环由分别卡在地下管线上下两侧的上固定环和下固定环组成,上固定环和下固定环的两个尾部分别通过旋紧螺母连接;连接杆竖直设置在上固定环的顶部,其一端与上固定环固定连接,另一端穿过保护盒底部设置的通孔插设在保护盒内部,且连接杆与通孔同轴设置。该测点装置可准确获得管线的沉降信息,在连接杆的顶端设置保护盒,可有效避免地面活动对测点造成破坏,打开保护盖即可进行沉降监测。同时,该测点装置结构简单、使用方便,待整个监测完成后,还可以移出重复使用。

为了防止地下管线被破坏,文献[28]开发了一种基于 ZigBee 无线传感器网络的地下管线安全监测系统。监测系统由上位 PC 机、基于 CC2530 的中心控制节点和传感器节点以及传感器模块组成。在分析地下管线安全监测系统特点的基础上,确定采用长直线型拓扑结构。搭建了具有 1 个中心控制节点和 5 个无线传感器节点的无线传感器网络。设计了声音传感器和振动传感器节点的硬件电路。

用 C 语言在 IAR Embedded Workbench for MCS-51 Evaluation 环境下开发无线传感器节点程序,并基于 Qt Creator 平台开发了上位机控制系统软件。

文献[29]发明了一种埋地金属管线腐蚀监测方法,其包括:感应电荷生成单元,埋设于待监测管线上方的土壤中,以便使所述感应电荷生成单元处于与所述管线相同的电磁场环境中,从而产生感应电荷;感应电荷累积单元,定时地将所述感应电荷生成单元多次产生的感应电荷累积起来;电流产生单元,利用所述感应电荷累积单元累积的感应电荷产生电流;处理单元,对所述电流产生单元产生的电流进行实时处理,以产生电流密度并找出最大瞬时电流密度;显示单元,显示所述处理单元得到的最大瞬时电流密度。本发明还公开了用于实现这种方法的埋地金属管线腐蚀监测装置。

5. 国内外现状分析

(1)文献涉及对悬吊燃气管进行防护的相关内容,但未提及与将跨基坑横梁支撑、贝雷梁悬吊、燃气管变形控制和混凝土支撑恢复形成一体的相关内容。

(2)文献涉及弹簧吊架的相关内容,但未提及吊架为恒力吊架的相关内容;文献涉及型钢组合梁+悬吊筋、混凝土支撑为主梁的悬吊结构、贝雷架+型钢吊篮的悬吊方式,但未涉及采用恒力弹簧吊架作为悬吊吊架的内容;文献涉及喷淋装置用于燃气管的相关内容,但未提及使用弹簧恒力吊架的相关内容;文献涉及埋设的燃气管道变形的研究,但未涉及地铁车站施工中特长高压燃气管悬吊后的燃气管线在采用温控喷淋装置减少因温度变化而产生的管道变形。

(3)文献涉及管道焊接接头、预应力钢筋混凝土管和埋设管线的牺牲阳极保护阴极的防腐保护研究,但未涉及地铁车站施工中特长高压燃气管悬吊后的燃气管。

(4)文献均涉及地下管线监测仪器和装置以及管道监测的相关内容,但未提及采用 CCD 坐标仪、燃气自动漏气监测装置来监测地铁施工时悬吊后的燃气管的相关内容。

1.3 研究内容与方法

依托成都地铁4号线二期东延线十陵站工程,采用数值模拟、监控量测和工艺总结的方法,进行了高压特长燃气管纵跨地铁车站悬吊保护技术研究,其主要内容如下:

1. 车站施工技术

主要介绍车站主体及附属结构施工方案、施工顺序、进度计划以及钻孔灌注桩及冠梁施工、基坑开挖及钢支撑架设、防水施工、主体结构施工等技术。

2. 车站施工监测分析

主要介绍监测内容、频率、预警及消警、监测基准网的建立、监测项目及方法,进行地表沉降、桩顶竖向和水平位移、桩体侧向变形、钢支撑轴力和地下水位监测分析。

3. 高压特长燃气管纵跨地铁车站悬吊保护技术

提出高压特长燃气管纵跨地铁车站基坑原位悬吊保护技术,包括悬吊主支撑体系、悬吊体系、管体外包防护、防雷接地、牺牲阳极保护装置、贝雷梁外悬吊刚性防护、警示与警戒、主体结构顶板施作完成后的燃气管保护。

4. 高压特长燃气管纵跨地铁车站基坑变形控制技术

提出高压特长燃气管纵跨地铁车站基坑变形控制技术措施,包括恒力弹簧吊架、悬吊系统整体防晒棚、自动温控喷淋系统,并进行高压特长燃气管温度变形计算和变形三维数值模拟分析,验证高压特长燃气管纵跨地铁车站基坑变形控制技术措施的可行性。

5. 高压特长燃气管纵跨地铁车站悬吊保护施工技术

研究高压特长燃气管纵跨地铁车站基坑原位悬吊保护施工技术,包括施工顺序及材料设备配置、悬吊主支撑体系施工技术、悬吊体系施工技术、保护施工技术、变形控制施工技术、自动化实时监测技术以及施工安全质量与环保措施。

第 2 章　依托工程概况

2.1　十陵站概述

成都地铁 4 号线二期工程东延线土建 4 标,始于一期沙河站,止于十陵站后明挖区间,全线长 7.143 km,包括 4 站、5 区间、1 个盾构始发井、1 个风井,如图 2.1 所示。4 个车站分别为万年场站、东三环站、蜀王大道站、十陵站。5 个区间分别为起点—万年场站区间、万年场站—东三环站区间、东三环站—蜀王大道站区间、蜀王大道站—十陵站区间、十陵站—终点区间,区间总长 11.17 km,共投入 6 台盾构机。

图 2.1　成都地铁 4 号线二期工程东延线土建 4 标线路图

十陵站为成都地铁 4 号线二期工程东延线第四座车站,位于成洛大道下方。东北侧为成都大学,毗邻成都大学教职工宿舍区,西北侧为十陵街道办事处,南侧为规划绿地。车站主体沿成洛大道布置,呈东西走向。成洛大道道路红线宽 40 m,双向 6 车道,为城东进出城的主要交通干道,现状车流量较大。

车站设计里程为 YDK41+651.6～YDK41+922.9,总长为 271.3 m,标准段宽 19.7 m,深约 14.7～18.9 m。顶板覆土 1.53～3.95 m,采用明挖顺作法施工。车站为地下两层单柱双跨岛式结构,站台宽 11 m,站后设双存车线。车站主体围护结构为钻孔灌注桩,共 302 根,其中普通桩(ϕ1200@2000)286 根,玻璃纤维 F 型桩(ϕ1200@2000)16 根,抗拔桩为 ϕ1800 钻孔桩,采用干式旋挖钻机施工。桩间挂网采用 ϕ8@150 mm×150 mm 钢筋网,喷射 C20 混凝土,150 mm 厚挡土板,围护桩与喷射混凝土钢筋之间保证可靠连接。

水平支撑体系,第一道支撑采用 ϕ600、t=16 mm 钢管支撑,水平间距约为 6.0 m(局部采用 800 mm×900 mm 的混凝土支撑);第二～四道支撑采用 ϕ600、t=16 mm 钢管支撑,水平间距约为 3.0 m。竖向支撑体系采用单排角钢格构柱+ϕ1200 钻孔(旋挖)桩立柱桩。其中,角钢格构柱采用 4∟200×20 角钢组合格构柱,组合后格构柱截面尺寸为 600×600。

2.2 工程地质与水文地质

2.2.1 工程地质

1. 岩土分层及特征

根据钻探资料,本车站按岩土层层序从上至下分述如下:

〈1-2〉人工填土(Q_4^{ml}):黄褐、灰褐等杂色,松散～中密,稍湿,成分交杂,由黏性土、砖块、混凝土碎块、卵石等建筑垃圾组成。该土层均一性差,多为欠压密土,结构疏松,多具强度低、压缩性高、受压易变形等特点。该层广布整个区间、车站地表,层厚 0.5～3.7 m。

〈3-1-1〉软黏土(Q_3^{fgl+al}):灰黑色、黄褐色,可塑,局部呈软塑,黏性强,局部有臭味。主要分布于拟建十陵车站大里程端,该层呈透镜体分布,最大厚 5.8 m,顶板埋深 3.2~5.5 m。根据室内试验:天然密度 $\rho=1.86\sim2.06$ g/cm³,天然含水率 $w=22.9\%\sim35.4\%$,天然孔隙比 $e=0.65\sim0.99$,饱和度 $S_r=96.3\%\sim97.9\%$,液限 $w_L=16.2\%\sim26.9\%$,塑限 $w_p=18.3\%\sim22.6\%$,塑性指数 $I_p=16.2\sim22.6$,液性指数 $I_L=0.37\sim0.38$,压缩系数 $a_v=0.3\sim0.4$ MPa^{-1},压缩模量 $E_{sv}=5.0\sim6.11$ MPa,基床系数 $k_v=16.3\sim20.0$ MPa/m。

〈3-2-1〉黏土(Q_3^{fgl+al}):棕黄、黄褐色,硬塑,黏性强,含铁锰质结核。广泛分布于表层人工杂填土之下,层厚 0.6~10 m,顶板埋深 0~7.8 m。标贯实测击数平均值 $N=20.4$ 击/30 cm。根据室内试验:天然密度 $\rho=1.86\sim2.06$ g/cm³,天然含水率 $w=18.7\%\sim29.8\%$,天然孔隙比 $e=0.59\sim0.8$,饱和度 $S_r=77.1\%\sim96.9\%$,液限 $w_L=34.5\%\sim47.5\%$,塑限 $w_p=15.7\%\sim25.6\%$,塑性指数 $I_p=18.8\sim25.9$,液性指数 $I_L=0\sim0.3$,固结快剪指标:凝聚力 $c=78.5\sim87.6$ kPa,内摩擦角 $\varphi=21.6°\sim24.7°$,压缩系数 $a_v=0.055\sim0.21$ MPa^{-1},压缩模量 $E_{sv}=7.99\sim18.6$ MPa,基床系数 $k_v=29\sim66.1$ MPa/m。自由膨胀率 $F_s=40\%\sim67\%$,属弱~中等膨胀土。

〈4-1〉黏土夹卵石(Q_2^{fgl+al}):灰褐、棕黄等杂色,硬塑,局部夹 10%~20%卵石,卵石粒径 15~130 mm,夹少量圆砾,卵石成分主要为砂岩、石英砂岩、灰岩及花岗岩等,磨圆度较好,分选性较差。该层主要分布于〈3-2-1〉黏土之下,层厚 2~4 m,顶板埋深 8~9.8 m。标贯实测击数平均值 $N=17.2$ 击/30 cm。该层黏土具有弱~中等膨胀。

〈4-5-2〉卵石土:灰褐、棕黄等杂色,饱和,中密~密实,卵石约占 50%~70%,粒径 15~140 mm,夹少量圆砾,石质成分主要为砂岩、石英砂岩、灰岩及花岗岩等,磨圆度较好,分选性较差。该层卵石土主要由黏粒充填。该层呈透镜体状零星分布,层厚 2~6.3 m,顶板埋深 3~9.7 m。

〈5-1-1〉全风化泥岩(K_2g):紫红、褐红、肉红等色,呈土状,原岩结构已破坏,偶夹少量碎石、角砾。标贯实测击数平均值 $N=28.8$ 击/

30 cm。自由膨胀率 $F_s=67\%$，膨胀力 $P_p=81$ kPa，该层具有膨胀性。该层厚度 0.4～5.4 m，顶板埋深 7.1～15.3 m，局部缺失。

〈5-1-2〉强风化泥岩（K_2g）：紫红、肉红色，泥质结构，岩质软。岩芯呈土状、碎块状、饼状、少量短柱状。层厚 1.1～8.3 m，埋深 8.5～34.9 m。

〈5-1-3〉中等风化泥岩（K_2g）：紫红色，风化裂隙较发育，裂隙面充填灰绿色黏土矿物，锤击声哑，局部夹含砂质泥岩。岩芯多呈短柱状，少量长柱状，埋深 9.4～34 m。据附近工点钻孔揭示，该层泥岩中夹含少许石膏。根据室内试验：天然密度 $\rho=2.25～2.51$ g/cm³，天然含水率 $w=5.16\%～24.9\%$，天然抗压强度 2.53～11 MPa，饱和吸水率 6.26%～76.11%，膨胀力 10～258 kPa，自由膨胀率 15%～62%。岩石坚硬程度分类为软岩，岩体基本质量等级分类为Ⅳ级。

2. 地层物理力学参数

地层物理力学参数见表 2.2。

表 2.2 地层物理力学参数表

地层编号	岩土名称	天然重度 γ (kN/m³)	内聚力 c(kPa)	摩擦角 φ(°)	土的侧压力系数 ξ	承载力标准值 f_{ak}(kPa)
〈1-2〉	杂填土	19.0	10	10		110
〈3-1-1〉	软黏土	19.0	20	10	0.72	120
〈3-2-1〉	黏土	19.9	35	16	0.35	160
〈3-5-1〉	中砂	16.7	0	28	0.35	140
〈4-1〉	黏土	19.9	37	12	0.35	180
〈4-5-2〉	卵石土	22.0	0	42	0.33	600
〈5-1-1〉	泥岩	20.0	20	18	0.33	200
〈5-1-2〉	泥岩	22.1	25	40	0.25	300
〈5-1-3〉	泥岩	23.4	300	45		600

2.2.2 水文地质

根据成都区域水文地质资料及本工程地下水的赋存条件,该工程范围内地下水主要有三种类型:一是赋存于黏土层之上的上层滞水;二是赋存于黏土、卵石土中的孔隙水,该层卵石主要由黏粒充填,工点范围内卵石土层渗透系数 k 取 1.5 m/d;三是基岩裂隙水,基岩溶孔溶隙裂隙潜水。

表层杂填土为弱透水层,地下水含量甚微,对工程影响较小。本车站主体结构基本位于黏土、卵石土和泥岩中,受地下水影响较大。

(1)拟建工程地下水的补给源主要为大气降水。成都属中亚热带季风气候区,终年气候温湿,四季分明,多年平均降水量为947.0 mm,最大年降雨量 1 155.0 mm。区内全年降雨日 140 d 以上。根据资料表明,形成地下水补给的有效降雨量为 10~50 mm,当降雨量在 80 mm 以上时,多形成地表径流,不利于渗入地下。

(2)沿线地下水的径流主要受地形、水系等因素的控制,地下水径流方向大致为从北向南,大多流向地势低洼地带或沿裂隙下渗。

(3)该工程范围内属川西平原岷江水系Ⅲ级阶地,第四系砂卵石层与排泄运动受地形、地貌、地质构造、地层岩性、水动力特征等条件的控制。大气蒸发也为重要的排泄方式。

(4)工程范围内基岩裂隙水有构造裂隙水、风化裂隙水(主要为溶孔溶隙裂隙潜水)。

风化带裂隙水(为溶孔溶隙裂隙潜水),系白垩系灌口组紫红色泥岩,在地下 50 m 左右范围内,地下水的流动将石膏溶蚀,并顺溶蚀孔或裂隙形成网络状的风化带溶蚀孔和溶隙,为地下水的补给、储集、径流创造了良好的通道和空间,形成风化带含水层。该含水层地下水富集规律性较差,在一定条件下某些地方可形成富水块段。根据区域水文地质资料,泥岩渗透系数 k 一般为 0.027~2.01 m/d,该工程范围内泥岩渗透系数取 0.24 m/d。

(5)根据区域水文地质资料,区内地下水季节性变化明显,水位总体规律是水位西北高、东南低，沿河一带高，河间阶地中部低。该工点为Ⅲ级阶地，具有埋藏浅、水位变幅小等特点。成都地区丰水期一般出现在 7、8、9 月份，枯水期多为 1、2、3 月份。Ⅲ级阶地区域丰水期地下水位埋深一般 1～3 m，水位年变化幅度约在 2～3 m 之间，造成水位变化较大的原因是受城市建设中部分建筑施工时大面积降低地下水的影响。

2.3 高压燃气管概述

龙星天然气公司 $\phi 377$ 十陵—西河输气管道纵跨十陵站基坑，跨度 230 m，设计压力 4.0 MPa，属于特长高压管道，设计规模 20×10^4 m³/d。管道材质为 A377×10 L245N PSL2 无缝钢管，符合《石油天然气工业 管线输送系统用钢管》(GB/T 9711)标准，采用石油沥青防腐外加牺牲阳极的阴极保护。该管道埋设时间为 1997 年，2002 年因市政建设进行过一次平移，2008 年因成洛路改造改迁过一次，目前管道的走向如下：

该管道西起东风渠东侧，顺成洛路南侧人行道敷设，东至十陵站后明挖区间中部，长约 1.4 km，位于地铁里程 ZDK41+300～ZDK42+730 之间；管顶埋深 0.5～1.2 m，由于地形原因，从西向东先下后上，十陵站东端头为变坡点，在十陵站范围内的埋深为 0.6～0.8 m。

$\phi 377$ 龙星燃气管纵跨十陵站基坑，位于基坑中部影响基坑开挖及主体结构施工作业，施工前需对该燃气管进行悬吊保护。具体位置关系如图 2.3-1 和图 2.3-2 所示。

图 2.3-1 燃气管与十陵站平面关系图

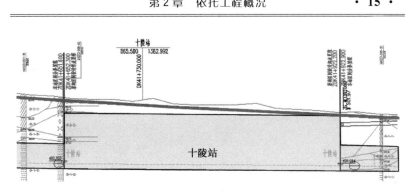

图 2.3-2　燃气管与十陵站立面关系截图

第3章 车站施工技术

3.1 主要施工方案

十陵站及附属结构出入口的围护结构形式均采用钻孔灌注桩，车站土方及主体结构按照自西向东顺序分层、分段施工，附属结构通道及出入口均采用明挖施工。在完成主体结构顶板混凝土浇筑后，先做顶板防水层施工，然后再进行管线恢复、土方回填、路面恢复等工序。十陵站分五阶段施工，确保工程施工顺利、有序进行。

3.1.1 车站主体施工方案

1. 总体施工

本站采用明挖顺筑法及局部盖挖法施工，根据本工程的结构（两层车站，深基坑）及现场条件特点，本工程采取分段、逐节施工，可以合理地利用人力、物力，科学地安排施工顺序，减少工序之间干扰，确保工程施工顺利、快速进行。十陵站分五阶段施工，一、二、三阶段主要施工车站围护结构和主体结构，四、五阶段主要施工附属结构及交通恢复、管线、绿化恢复等工作。

本站主体围护结构主要采用的是 $\phi1200@2000$ 钻孔灌注桩，共计286根；东西端头分别为盾构接收井及始发井，围护结构为 $\phi1200@2000$ 玻璃纤维筋及普通钻孔灌注桩，共计16根。

土方开挖以机械开挖为主，基底标高以上30 cm范围土方采用人工开挖。土方开挖自西向东进行，分段、分层开挖，共分4层，划分21段，每段开挖长度约18～25 m。土方开挖选用常规挖机为主、小型挖机为辅的方式。另外，对于边角等部位常规挖机无法开挖到达之处以及超过开挖作业范围的土方开挖，配备小型挖机进入基坑内辅助长臂挖机进行作业。基坑开挖深度超过常规挖机及小型挖机接力作业范围时,土方利用汽车吊弃渣斗吊运至基坑处,再由自卸汽车外运。

土方开挖完成部分后,进行车站主体结构施工,自西向东进行。主体结构分段施工,依次接地网、施工底板、负二层侧墙、中板、负一层侧墙及顶板,形成平行流水作业,下层超前。采用木模、钢管支架作受力支撑,机械捣实;各段防水层随结构施工逐段进行,防水工程由防水专业队施工。车站土方回填在顶板以上 100 cm 范围内采用人工分层摊铺、小型机械夯实,顶板 50 cm 以外范围采用机械摊铺和压实,并确保压实度达到设计的标准,保证路基的压实度及路面日后运营质量。

2. 分段分层施工

车站基坑土方及主体结构工程采用分段分层施工,以减少基坑暴露时间,确保基坑稳定;同时,通过合理的施工分段又可以控制结构混凝土的收缩裂缝,提高结构抗渗性能。施工分段首先要满足结构分段施工技术要求和构造要求,同时结合施工能力和合同工期要求确定。施工节段的划分原则如下:

(1)施工缝设置于两中间柱之间纵梁弯矩、剪力最小的地方,即纵向柱跨的 1/4～1/3 处。

(2)施工节段的划分考虑与楼层上楼梯口、电梯口预留孔洞及侧墙上的人行通道和电力、电缆廊道位置尽量错开。

(3)施工节段的长度控制在 18～25 m 以内,特殊地段除外。

根据分段原则,十陵站主体结构自西向东共划分 14 个施工段(即 F1、F2、F3、F4……F13、F14),大部分节段长度都是 18～25 m。

以上分段均已考虑设置变形缝需要增加的分界,出入口每段主体结构分成两次浇筑混凝土(底板、侧墙和顶板),风亭主体结构分两次浇筑混凝土(底板、侧墙及顶板)。

水平施工缝的留设:每层中柱水平施工缝均留设在本层板顶和上层梁底标高处,梁柱接头核心区混凝土同梁、板混凝土一起浇筑;

侧墙水平施工缝均留设在当层楼板腋角拐点上 200 mm 处，每层侧墙设一道水平施工缝。

3. 防水与排水施工

(1)基坑降水以管井井点为主，排水沟明排为辅。

(2)在基坑外设两排管井井点进行基坑内降水，井点间距约 30 m。需边开挖边降水，开挖至基底时，也须保证地下水位降至基坑底面以下 0.5 m。降水过程应伴随主体结构施工过程的始终，待顶板覆土后封闭降水井点管，浇筑微膨胀混凝土，并加焊钢板封闭。

(3)基坑开挖过程中，应做好基坑内的排水工作，如在雨季施工，必须准备足够的抽水设备，并做好基坑外的排水、截水工作。基坑开挖过程中根据具体情况在基坑内设置排水沟，在排水沟中每段端头设一个集水井。基坑向下边挖边加深排水沟和集水井，保持沟底低于基坑底不小于 0.3 m，集水井低于沟底不小于 0.5 m，集水井内水应随集随排；为防止地表水流入基坑，在基坑开挖轮廓线外侧 0.5 m 左右设截水沟，车站东西两侧设集水井。

(4)基坑开挖过程中加强对基坑外水位观测以及基坑周围地面建筑和地下管线的监控量测，如因水位变化导致周围建筑沉降变形和地下管线变形达到规定限值时，应立即采取回灌措施。回灌井点设于被保护物前，采用无压回灌，回灌量根据观测的水位变化量而定。

4. 顶板覆土回填

(1)填土材料宜采用黏性土，填土中不得含石块、碎石、灰渣及有机杂物。

(2)回填施工应遵循均匀对称的原则，并分层夯实，人工夯实每层厚度不大于 250 mm，机械夯实每层厚度不大于 300 mm，回填总厚度超过 500 mm 后方可使用机械回填、碾压。

(3)回填土的密实度应逐层检查，密实度应符合相关道路设计和验收规范的要求。

(4)凿除地面以下 2 m 范围内混凝土结构，出土口处应设置挡土墙、板后方可回填。

(5)与车站外挂段、南北段风亭、出入口相邻处的主体基坑应待相邻处附属结构施工完成后，同时覆土回填。

(6)在回填之前，在防水层外表面喷一层防白蚁药物。

3.1.2 附属结构施工方案

十陵站共计 3 个出入口、2 组风亭，各风亭组与各出入口均不在道路上，具备明挖条件，可采用明挖法施工。

本站附属结构围护结构主要采用的是 $\phi 1200@2000$ 钻孔灌注桩。钻孔灌注桩施工方法及要求与主体围护结构的相同。附属结构的出土口及通道、风亭均采用明挖法施工。

土方开挖采用人工开挖探沟，确认无不明管线后同样采用长臂挖掘机开挖土方，边角等超长臂挖机不能到达处的土方配备一台小型挖机直接进入基坑内进行开挖并转运至长臂挖机可到达之处，再用长臂挖机二次转运至基坑外。钢支撑架设采用履带吊进行作业，钢支撑架设与土方开挖进度相结合，土方开挖至相应钢支撑以下 0.5 m 时应及时完成钢支撑架设作业，确保基坑的稳定性，方可向下开挖土方。出入口主体结构分段施工，由低处向高处进行，施工技术措施与车站相同。

3.2 施工顺序

1. 总体施工顺序

施工准备→车站围护结构施工→基坑土方开挖及支撑（包括交通疏解）→主体结构及防水层施工→主体土方回填及交通疏解→风亭、出入口围护结构施工→风亭、出入口基坑开挖及支撑施工→风亭、出入口主体结构施工→风亭、出入口通道土方回填及交通疏解。

2. 各阶段围挡施工内容

本车站主体结构采用明挖法施工，施工期间保证成洛路双向四车道和两非机动车道正常通行。整个围挡结构施工分三个阶段对周边交通进行疏散，确保交通正常运行。

一期施工阶段：围挡成洛大道北侧绿化隔离带区，进行绿化隔离带迁移，其他交通通道保持不变。

二期施工阶段：围挡车站主体结构及南侧附属结构，施工围挡北侧保留双向四车道加两个非机动车道。

三期施工阶段：围挡车站北侧附属结构，施工围挡南侧保留双向六车道加两个非机动车道。

3. 车站主体施工顺序

安排场地围挡，施工围护桩→自上而下开挖基坑，同时施作临时支撑，直至基坑底部→接地网、垫层、底板防水层、底板施工→底板施工完成后，先拆除第三道钢支撑，施工柱、负二层侧墙→柱、负二层侧墙施工完成后，待侧墙混凝土强度达到设计强度的80%以上，进行钢支撑的换撑作业→进行中板施工，完成后拆除第二道支撑→最后负一层侧墙、柱及顶板的施工。

4. 附属结构施工顺序

附属结构通常包括多个出入口和风亭，按分区围挡的原则进行施工。每个附属结构的施工顺序为：围护结构施工→土方开挖→钢支撑架设→基底垫层、底板防水层、底板施工→主体结构防水层、模板、钢筋与混凝土浇筑→回填→附属结构内部装修与机电安装。

5. 主要临时工程建设

(1) 临时水电

根据现场实际情况，可考虑十陵站施工区西侧的市政给水井作为现场施工取水口，取水口距施工现场约70 m，采用DN100管道引水至施工区域，再根据施工需要接支管至工作面，并设置备用储水池，以满足施工用水需要。前期施工用水在车站周围用水点协调借用。

施工用电由十陵站施工场地西南侧 10 kV 高压电线接入 1 台 630 kVA 变压器内,再由变压器接线引入施工区,修建配电箱,再通过分级配电箱将电缆接入各用电区域。同时配备 1 台 75 kW 低噪声发电机作为前期施工电源及后期备用电源。

(2)临时道路

本站位于道路南侧,沿用原有路面,除绿化隔离带及人行道均为回填土,无法保证车辆通行,需对上述部位进行硬化,硬化道路采用 20 cm 厚混凝土结构。场内道路按照环形道路布置,沿基坑两边布置。

(3)运输线路及方式

弃渣运输由专业队伍完成。出场车辆及时进行清洗并达到成都市相关要求后方可放行,以保证成都市容,树立施工企业的良好形象。

3.3 进度计划

1. 工期计划及进度指标分析

主要工序进度指标如下:

(1)施工围挡及线路改迁、建筑拆迁日期为 2014.4.20～2014.8.20,计 123 d;

(2)钻孔桩及降水井施工日期为 2014.7.21～2014.11.9,计 112 d;

(3)冠梁施工日期为 2014.8.15～2014.9.30,计 47 d;

(4)土方开挖日期为 2014.11.10～2015.2.18,计 100 d;

(5)主体结构施工按照底板 7 d/段、中板 15 d/段、顶板 15 d/段,施工日期为 2014.12.2～2015.3.10,计 90 d;

(6)附属结构施工日期为 2015.3.2～2015.8.28,计 180 d。

每月按材料购置计划备齐资金,以确保物资供应。钢材提前

1个月采购,保证施工需要。混凝土采用商品混凝土,根据施工进度提前向混凝土供应商提供需求计划。

2. 作业队及人员配置

作业队及人员配置见表3.3-1。

表3.3-1 作业队及管理人员配置表

序号	施工阶段	作业班组	作业队配备人数	总人数
1	围护结构	钻机班	8	76
		钢筋班	30	
		混凝土班	20	
		起重班	8	
		泥浆班	10	
2	降排水	钻机班	10	24
		钢筋班	8	
		抽排水班	6	
3	基坑开挖及支撑	开挖班	20	88
		运输班	20	
		支撑架设班	30	
		钢筋班	10	
		喷混凝土班	8	
4	主体结构	钢筋班	50	180
		木工班	40	
		架子班	30	
		混凝土班	40	
		防水班	20	
5	附属结构		190	190

3. 机械配置

投入本工程的主要施工设备见表3.3-2。

表 3.3－2　机械设备配置

序号	设备名称	型号规格	数量（台）	铭牌功率（kW）	负荷（kW）
1	钢筋弯曲机	GW40	1	3	3
2	钢筋调直机	GT5-10	1	3	3
3	钢筋切断机	GQ-50	1	3	3
4	型材切割机	MC4-355	1	2	2
5	直螺纹套丝专用平头切断机	GQ50	1	4	4
6	直螺纹滚丝机	HGS-40B	1	4	4
7	闪光对焊机	UN-150	1	150	150
8	交流电焊机	BX1-500A	6	22.5	135
9	圆盘锯	3MJ-116	1	3	3
10	振捣器		8	3	24
11	强制式搅拌机	JZ-500	1	30	30
12	混凝土喷射机	PZ-5	1	5.5	5.5
13	空压机	VFY-12/7	1	75	75
14	潜水泵		6	3	18
15	清水泵		1	3	3
16	降水泵		6	3	18
17	塔吊	QTZ80(TC60-6)	1	45	45
18	门式起重机	MG16/5t	1	40	40
19	洗车机	FS60B	1	7.5	7.5
20	现场照明		12	0.5	6
21	生活及办公				60
合　计			53		639

3.4 钻孔灌注桩及冠梁施工

3.4.1 钻孔灌注桩施工

1. 钻孔灌注桩施工工艺流程

根据本站钻孔需穿越人工填筑土、黏土层、卵石土层、泥岩层实际情况,钻孔灌注桩采用干式旋挖钻机施工。在施工过程中根据地层地质不同选用相应的钻头钻进,以提高旋挖钻机钻进的速度和成孔质量。旋挖钻机钻孔施工如图3.4-1所示,工艺流程如图3.4-2所示。

图 3.4-1 旋挖钻孔灌注桩施工现场

(1)桩位测量

钻孔桩施工前采用全站仪进行精确测量,形成闭合三角网后,精确测定出桩中心位置,进而测放出钻孔桩位置,并测定、埋设护桩。

(2)管线探查

市政管线的实际位置往往与图纸标注的位置存在偏差,需在施工前委托有资质的探测单位对管段内所有管线进行探测,得出实际的管线埋深及平面位置。为保险起见,在围护结构施工期间,必须先开挖探沟,以防将不明管线及现状管线挖断。

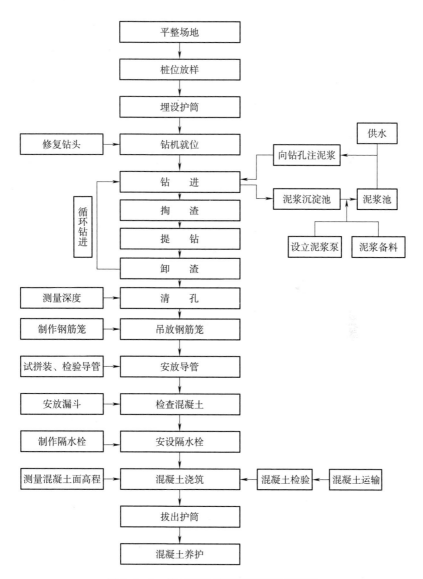

图 3.4-2 旋挖钻孔灌注桩施工工艺流程

(3) 埋设护筒

护筒采用钢护筒，内径比桩径大 20 cm，每节长 2 m，正常施工区域的围护桩护筒埋设深度为 2 m。

护筒采用挖埋法，周围用黏土回填夯实。节间焊接严密，防止漏浆。确保护筒准确位置及垂直度。护筒安装位置偏差在 2 cm 以内，倾斜度在 1‰ 以内，符合规范要求。

(4) 开挖泥浆沉淀池

根据现场钻孔情况决定是否设置泥浆池。若钻孔为干桩，则不用设置泥浆池，钻孔废料直接运走；若钻孔发现存在水桩，则按要求设置泥浆池。泥浆采用性能指标符合规范要求的优质黏土或膨润土制备。为保证泥浆的供应质量，施工时在基坑旁适宜位置开挖泥浆沉淀池，以便进行泥浆沉淀，清除沉渣，循环利用。

在钻孔作业过程中，应经常对泥浆质量进行试验测定，及时调整泥浆的相对密度和黏度，相对密度控制在 1.05～1.15，黏度控制在 22～30 s，确保护壁良好、钻进顺利。

(5) 钻机安装

钻机就位后，调平机座，确保钻头中心与护筒中心在一条铅垂线上，与孔位中心的偏差在规范允许范围之内。调整钻架的垂直度使其满足要求，钻架、钻头等部位连接牢固、运转良好。底座用枕木垫实塞紧，保证固定平稳。保证钻头中心与护筒中心偏差不大于 2 cm。

(6) 钻孔作业

为保证成孔质量及施工安全，防止钻孔时两桩相距太近或时间间隔太短，造成塌孔，钻孔灌注桩施工时，同时施工的相邻两桩净距不小于 4.5 m，对围护桩统一进行编号。施工时，采取按每间隔两孔分批跳孔施作的顺序。其施工顺序示意如图 3.4 - 3 所示，以此类推。

制备泥浆选用 $I_p>10$ 的黏性土或膨润土，调制的护壁泥浆及经过循环净化的泥浆应达到相对密度 1.05～1.15，黏度 22～30 s。

当钻进到卵石层出现泥浆大量渗漏的情况时，现场采取的解决措施是快速向孔中抛填大量钻渣（粉质黏土），再加入适量的 CMC，

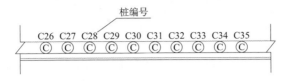

图 3.4-3　钻孔桩工顺序

待沉浸后,使用钻具在钻孔中慢速地进行正反旋转,以将黏土及 CMC 挤入到卵石缝隙中,这样就阻止了泥浆向卵石缝隙中的渗漏并能形成稳定孔壁。

开钻后,将钻机调平对准钻孔,把钻头吊起徐徐放入护筒内,对正桩位,启动泥浆泵和钻机,待泥浆进入孔内一定数量后,方可开始钻进。

钻孔时,保持孔内泥浆顶面始终高出地下水位 0.5 m 以上。为提高泥浆的黏度和胶体率,在泥浆中加入适量的烧碱。

在钻进过程中,严格控制钻头提高不超过 2 m。

钻进时,经常进行检孔,防止出现偏孔。钻孔作业应分班连续进行,每班两次对钻机、钻头、钢丝绳及卡具进行检查,发现问题及时解决。做好每班钻孔记录、下班交接及本班的具体事宜。当钻到岩层时分层取渣样,在渣样袋中注明标高、尺寸、桩号和日期。

(7) 清孔及成孔检查

在钻至设计深度后,停止进尺,利用泥浆泵管至孔底补浆进行循环,排除沉渣,将孔底钻渣清除干净。

不论采用何种清孔方法,在清孔排渣时,必须注意保持孔内水头,防止塌孔。

采用检孔器对孔深、孔径、孔位、孔形和垂直度进行检查,经检查合格、经监理工程师同意并签证后,及时吊装钢筋笼。

(8) 吊装钢筋笼

清孔完毕,经现场监理工程师检查、批准后,即可吊装钢筋笼。

钢筋笼在钢筋加工场加工,采用有托架的机动翻斗车拉运,汽车吊吊放入孔。为了防止钢筋笼吊装就位时发生变形,纵向主筋和加强箍筋焊接牢固,其他箍筋适当点焊,并绑扎牢固。吊装前对钢筋笼的分节长度、直径、主筋和箍筋的型号、根数、位置,以及焊接、绑扎、声测孔绑扎等情况做全面检查,确保各部位质量达到规定要求。

为保证钢筋笼保护层厚度,加工钢筋笼时,每隔 2 m 在钢筋笼环筋上交叉、对称设置 4 个中间带圆孔混凝土垫块,钢筋笼下沉时垫块紧贴孔壁转动,保持钢筋笼与孔壁之间具有一定的间隙。

钢筋笼长度超过 25 m 时,分两节吊装。吊装时确保上下两节顺直,两节之间采用帮条焊连接,双面焊缝长度不小于 $5d$,单面焊缝长度不小于 $10d$(d 为钢筋直径)。为保证连接时的质量和满足规范要求,在加工钢筋笼时,相邻焊接接头应错开 50%。

钢筋笼吊装完成后,在钢筋顶部主筋上对称布置 2 根 $\phi18$ 的钢筋,用以调节钢筋笼的上下位置。吊筋固定在漏斗架或特设固定架上,防止混凝土灌注时钢筋笼上浮。

钢筋笼安装后进行二次清孔,测得沉渣厚度符合规范要求,泥浆指标相对密度不大于 1.03～1.10,含砂率小于 2%,符合规范要求后再灌注桩身混凝土。

(9)灌注水下混凝土

水下混凝土采用导管法灌注,漏斗隔水采用拔球法。在灌注前应对钢导管试拼并进行拉力、水密试验,并做好标记。安装导管时将导管放置在钻孔中心,轴线顺直,平稳沉放,防止挂钢筋笼和碰撞孔壁,就位后用卡盘固定于护筒口或漏斗架上。导管上口设漏斗和储料斗,导管下口距离孔底约 30 cm。

灌注首批混凝土的数量需精确计算,确保混凝土的数量能满足导管初次埋置深度不小于 1 m 和填充导管底部的需要,且满足导管内外压力平衡,防止管外压力过大将泥浆压入管内而造成断桩。

为保证混凝土灌注的顺利,应确保混凝土的和易性满足施工要求,坍落度控制在 18～22 cm 之间。水下混凝土的灌注连续进行,确保中途不中断。

灌注时经常测量混凝土的高度和导管埋深,导管提升、拆除时,保持位置居中,根据导管埋置深度确定提升高度,提升后导管埋深宜控制在 2~6 m。

拆除导管时用卡盘将第二节导管卡死,防止落入孔内。

桩身混凝土比桩顶设计标高超灌 50~100 cm,确保截除桩头后桩身混凝土质量。

施工用的钢护筒,在灌注结束后,混凝土初凝前拔出。

(10)桩的检测

桩顶超灌混凝土强度达到 2.5 MPa 后凿除,但桩头钢筋不能乱弯。凿桩头用风镐或人工凿除。桩顶标高按设计要求,桩顶要大致平整。桩基检测采取小应变检测;检测数量按设计图纸要求进行,不得小于 20%。作业队配合质检部门对需检测的每根桩进行检测,质量合格后方能进行下道工序。

(11)施工注意事项

①钻孔时应连续进行,不得中断。

②钻孔时及时填写钻孔记录,在土层变化处捞取渣样,判明土层,以便与地质剖面图核对。当与地质剖面图严重不符时,及时向监理工程师汇报,并按监理工程师的指示处理。

③在钻进过程中,始终保持孔内水位高于地下水位 2 m 左右,孔内水位下降时,及时补水,同时经常检查泥浆密度、黏度和含砂率。

④在灌注过程中,当导管内含有空气时,后续混凝土缓慢灌入,以免在导管内形成高压气囊,造成堵管。灌注桩身混凝土时指定专人负责测量、记录有关混凝土灌注情况,如灌注时间、混凝土面的深度、导管埋深、导管拆除等,专人指挥操作人员根据要求进行提管、拆管作业,防止出现意外,造成断桩事故。

⑤钻进过程中随时注意孔内有无异常情况,钻架是否倾斜,各连接部位螺栓是否松动。

⑥吊放钢筋笼时,防止碰撞孔壁。钢筋笼接长时,两节保持顺直,搭接长度按设计及规范施工。

⑦导管提升缓慢进行,不能过猛,防止导管拉断,同时也防止导

管提离混凝土面,造成断桩事故。

⑧严格控制混凝土的质量,确保混凝土的和易性、坍落度及粒径,避免在浇筑混凝土过程中出现堵塞导管的情况。

⑨各部位隐蔽工程均按规范要求操作,及时报请现场监理工程师认可后方可进行下道工序。

2. 施工要点

(1)测量班粗略放出桩位以便于清理桩位处的障碍物,桩位在沥青混凝土路面上的,要首先将桩位处路面破除并将建筑垃圾运出场外,做好钻机就位前的准备工作。如果发现有不明地下管线,则及时报项目经理部。

(2)施工前对场地进行平整,场地平整采用挖机进行、人工配合施工,平整过程中对场地内标高进行测试。达到要求后对加工场、路面等采用C20混凝土进行硬化,从而为材料加工提供良好施工场地。路面硬化过程中,对有线缆、管道处施作网片保护,保证该处混凝土硬化质量,确保线缆、管道安全。

(3)根据设计图纸,测量班采用全站仪精确定位桩孔的位置。考虑施工误差(如测量放线、桩身在各种工况下的侧向位移以及钻头与桩位的对位误差等),防止围护桩侵限,所以将所有桩位沿结构外轮廓线往外偏移18 cm(含网喷混凝土、防水找平层、桩身水平位移、测量误差等)。根据桩孔定位点拉十字线钉放四个控制桩,以四个控制护桩为基准控制护筒的埋设位置和钻机的准确就位。护桩要做好保护工作,防止施工过程中被扰动。准确放出钻孔中心的位置。

(4)护筒采用6 mm钢板卷制成型,直径大于桩径20 cm,高度为2 m;护筒安装时,钻机操作手利用扩孔器将桩孔扩大,之后通过大扭矩钻头将钢护筒压入。护筒压入前及压入后,通过靠在护筒上的精确水平仪调整护筒的垂直位置。护筒顶一般高于原地面0.3 m,以便钻头定位及保护桩孔。护筒安装时,轴线要对准测量所标出的桩位中心,保证护筒露出地面30 cm,平面位置偏差不超过20 mm,并应保证护筒的垂直度,倾斜率不大于1%。

(5)在埋好护筒后,钻机就位。施钻前要对钻机进行全面检修,包括钻机、钻具和吊钻头的钢丝绳都要检修。通过测设的桩位准确确定钻机的位置,并保证钻机稳定,校直钻杆,对中,钻杆位置偏差不大于 2 cm。

(6)旋挖钻孔前先测算出孔深,当钻机在钻孔过程中仪器显示已达到设计标高时,再用测绳复测,以确保孔深要求,避免超欠挖,钻进过程中,随时注意垂直控制仪表,以控制钻杆垂直度。旋转钻机钻孔时,开始慢速钻进,钻进深度超过护筒下 2 m 后,即可按正常速度钻进。钻进过程要跟踪记录,成孔后钻进记录要及时交给项目部整理归档。

(7)钻孔达到设计标高后,施工队首先进行自检,然后报项目部进行检查,经检查符合设计要求后,确认满足设计和验标要求后,报请监理工程师验收,对孔径、孔深、垂直度进行检查,监理工程师验收合格后,立即进行清孔(注:应采用常规做法,测量钻杆长度、测量数据作参照)。

(8)清孔分两次进行。第一次清孔在钻孔深度达到设计深度后进行,第一次清孔就应满足规范要求,否则不应下放钢筋笼。待钢筋笼到位后下放导管再进行第二次清孔,灌注混凝土前清孔必须满足孔底沉渣厚度不大于 10 cm。

孔底沉渣的测量:采用前端悬挂平砣的测绳在孔壁周围测量孔深,测点不少于 4 个,两者底标高之差为沉渣厚度,每次测量前必须采用钢尺对测量绳进行校核,严禁采用加深钻孔深度方法代替清孔作业。成孔质量标准见表 3.4-1。

表 3.4-1 成孔质量标准

序 号	项 目	允许偏差	检验方法
1	钻孔中心位置	30 mm	井径仪
2	孔径 D	±5 mm	超声波测井仪
3	倾斜率	1.00%	
4	孔深	比设计深度深 300 mm	核定钻头和钻杆长度

3. 钢筋笼制作与安装

清孔完毕,经现场监理工程师检查、批准后,即可吊装钢筋笼。

钢筋笼在钢筋加工场加工,主筋接头采用直螺纹连接,其余采用焊接。加工成型的钢筋笼运输采用有托架的机动翻斗车拉运,汽车吊吊放入孔。为了防止钢筋笼吊装就位时发生变形,纵向主筋和加强箍筋焊接牢固,其他箍筋适当点焊,并绑扎牢固。吊装前对钢筋笼的分节长度、直径,主筋和箍筋的型号、根数、位置,以及焊接、绑扎、声测孔绑扎等情况做全面检查,确保各部位质量达到规定要求。

为保证钢筋笼保护层厚度,加工钢筋笼时,每隔 2 m 在钢筋笼环筋上交叉、对称设置 4 个中间带圆孔混凝土垫块,钢筋笼下沉时垫块紧贴孔壁转动,保持钢筋笼与孔壁之间具有一定的间隙。

钢筋笼长度超过 25 m 时,分两节吊装。吊装时确保上下两节顺直,两节之间采用帮条焊连接,双面焊缝长度不小于 $5d$,单面焊缝长度不小于 $10d$(d 为钢筋直径)。为保证连接时的质量和满足规范要求,在加工钢筋笼时,相邻焊接接头应错开 50%。

钢筋笼吊装完成后,在钢筋顶部主筋上对称布置 2 根 $\phi 18$ 的钢筋,用以调节钢筋笼的上下位置。吊筋固定在漏斗架或特设固定架上,防止混凝土灌注时钢筋笼上浮。

钢筋笼安装后进行二次清孔,测得沉渣厚度符合规范要求,泥浆指标相对密度不大于 1.03~1.10,含砂率小于 2%,符合规范要求后再灌注桩身混凝土。

4. 水下混凝土灌注

(1)导管投入使用前,应在地面试装,进行气密性压力试验,检查有无漏水间隙。

(2)成孔孔径、深度检测合格,方可下放钢筋笼、导管;经量测沉渣厚度小于 50 mm 时方可进行混凝土灌注。

(3)导管直径为 250 mm,壁厚不小于 3 mm,导管吊放入孔时,法兰连接,确保密封良好,底节长度不小于 4 m。

(4)导管在桩孔内的位置保持居中,防止导管偏移,损坏钢筋笼或导管。

(5) 开始灌注混凝土时,导管底部至孔底的距离可控制在 300~500 mm。

(6) 灌注前用球胆作止水塞,以保证浇筑混凝土的质量。漏斗或储料斗需有足够的混凝土初存量,保证首批混凝土灌注后,使导管埋入混凝土的深度不小于 1.0 m。

封底混凝土所需数量按下式计算:

$$V \geqslant \frac{\pi}{4} D^2 (H_1 + H_2) + \frac{\pi}{4} d^2 H_w \gamma_w / \gamma_c \quad (3.4)$$

式中　V——封底所需混凝土数量(m^3);

　　　D——桩孔直径(m);

　　　H_w——井内水或泥浆的深度(m);

　　　H_1——桩孔底至导管下端间距,一般取 0.4 m;

　　　H_2——导管初次埋置深度,一般取 1.5 m;

　　　d——导管内径(m);

　　　γ_w——井内水或泥浆的重度,取 12 kN/m^3;

　　　γ_c——混凝土拌和物的重度,取 24 kN/m^3。

根据式(3.4),设计孔径为 1.0 m、1.2 m、0.8 m 桩孔封底混凝土分别为 1 m^3、1.6 m^3、0.7 m^3。采用混凝土运输车灌注水下混凝土,其容量为 8 m^3,大于封底所需混凝土数量。

(7) 水下灌注混凝土是确保成桩质量的关键,混凝土灌注应紧凑、连续不断地进行。

(8) 灌注过程中,导管埋入混凝土深度控制在 2~6 m,严禁将导管提出混凝土面,使导管内进浆造成断桩。

(9) 严格控制最后一次灌注量,使灌注的桩顶标高达到设计标高 0.6 m 以上,确保桩顶在凿除浮浆后达到设计强度要求。

(10) 水下混凝土灌注充盈系数不得小于 1.0。

(11) 为检测混凝土质量,实验室每班做坍落度试验一组,每根桩必须做一组试块,随机取样,人工振捣,标准条件下养护,并做记录。

(12) 灌注常见问题及其处理措施见表 3.4-2。

表 3.4-2　灌注常见问题及其处理措施

事故类型	主要原因	防止措施	事故后处理措施
桩身缩颈、夹泥和断桩	灌注混凝土的过程中孔壁坍塌或内挤；地层条件差，流砂、淤泥层厚；钢筋笼外混凝土离析，充填不紧密；混凝土浇筑中断，导管上拔时管口脱离混凝土面，泥土挤入桩位	改变施工工艺，软土及粉砂层慢进，扩大钻头直径，提高泥浆质量，加强浮渣效果，缩短下伏复钻孔时间。加速混凝土浇筑进程，缩短成孔与浇筑混凝土之间的时间；改变混凝土的坍落度，掺加外加剂；严防导管口超出混凝土顶面	补打锚杆
混凝土导管漏水，混凝土严重离析	混凝土导管接头止水不严密；初灌过少，导管埋入深度过浅，泥浆从管外进入管内；导管上拉过快，泥浆随混凝土面浮浆涌入管内	及时更换导管段连接处的止水接头和密封垫圈；清除管内残存混凝土，洗净管内壁，冲洗已浇混凝土面，吸出沉渣，重新浇筑混凝土	已出事故的桩处理措施同上；在严重离析段补压浆加固
混凝土导管堵塞	隔水塞制作粗糙；导管内壁不平直，变形过大，使隔水塞卡住	改进隔水塞制作工艺，修正导管内壁平直度和外形	及时处理新旧混凝土面的接合
桩底沉渣太厚，形成悬浮吊脚桩	泥浆密度过小，孔壁坍塌，清渣力度不足；放置钢筋笼时碰撞使土掉落	用反循环法钻孔，用正循环法清孔，缩短停孔时间，清孔后立即浇筑混凝土	已成事实的厚沉渣可用钻孔后压浆法压密沉渣而使改性或外挤
桩身蜂窝、麻面、露筋	混凝土粗集料过大难以挤出笼外，混凝土局部严重离析；笼体制作和焊接不直，笼与孔壁间距过大或过小，紧贴孔壁，保护层缺损	加强钢筋笼制作的质量控制；改变布筋方式，可双筋并在一起，加大筋间净距；加设笼外导向钢筋，使笼对中；改变混凝土坍落度	一般不做特殊处理，严重者对露筋处喷浆保护
混凝土桩头只见浮浆不见粗集料，浮浆无强度	下段混凝土离析，以致浆料过厚，随着浇筑混凝土，愈积愈厚，最终集中停留在桩头部位相当深度内	注意灌注混凝土的每个环节，防止混凝土离析	将浮浆段全部清除，重新浇筑混凝土；及时超灌混凝土，将浮浆挤到引孔中
钢筋笼上浮或下沉	钢筋笼定位措施不力，受二次清孔掏渣筒和导管上下的碰撞或挂带而移动；初灌混凝土时冲力使笼身上浮	加强钢筋笼定位措施；设置高程监测器监视位置；一有动静，采取复位措施；及时提管	混凝土质量较好者不予处理；若为水平承载桩，则要校核内弯矩是否超标，采取补强措施

续上表

事故类型	主要原因	防止措施	事故后处理措施
导管拔不动	封底混凝土灌注后未及时提管；提管间隔时间过长	封底混凝土灌注后在保证导管埋深的情况下及时提管；勤提管	转动导管，使混凝土产生握裹力消除

3.4.2 冠梁施工

冠梁在钻孔桩完成后分段施作，利用挖掘机开挖桩顶土体，人工破除桩头，桩顶应凿至新鲜混凝土面，出露钢筋应平直，并保证设计要求的出露长度 $35d$，然后立模、绑扎钢筋，同时预埋临时路面系横梁钢筋。浇筑桩顶冠梁前，必须清理干净残渣、浮土和积水。

商品混凝土运至现场采用混凝土输送泵泵送入模灌注（或罐车直卸＋溜槽），插入式振捣器振捣密实，覆盖、洒水养护。冠梁施工工艺流程如图 3.4-4 所示。

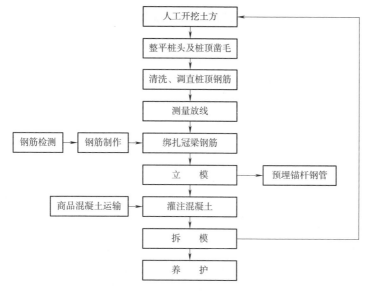

图 3.4-4 冠梁施工工艺流程

3.5 基坑开挖及钢支撑架设

3.5.1 降水施工

1. 井点降水设计

为了保证在围护结构外侧水土压力作用下围护结构自身的稳定以及基坑内外土体的整体滑动稳定,在进行车站土方开挖前需对其进行降水。结合车站地质条件,根据群井效应和类似工程施工经验以及考虑钻孔桩+网喷混凝土的挡水作用,基坑降水以管井井点为主,排水沟明排为辅。在基坑外设两排管井井点进行基坑内降水,井点间距约 20 m。需边开挖边降水,开挖至基底时,也须保证地下水位降至基坑底面以下 0.5 m。降水过程应伴随主体结构施工过程的始终,待顶板覆土后封闭降水井点管,灌注微膨胀混凝土,并加焊钢板封闭。基坑开挖过程中,应做好基坑内的排水工作,如在雨季施工,必须准备足够的抽水设备,并做好基坑外的排水、截水工作。基坑开挖过程中,根据具体情况在基坑内设置排水沟,在排水沟中每隔 25 m 左右设一个集水井。基坑向下边挖边加深排水沟和集水井,保持沟底低于基坑底不小于 0.5 m,集水井低于沟底不小于 0.5 m,集水井内水应随集随排;为防止地表水流入基坑,在基坑开挖轮廓线外侧 0.5 m 设截水沟,每隔 20~30 m 设一集水井。

2. 井点设备及布置

(1) 管井井点构造

管井降水井点系统由潜水泵和管井组成,根据计算本工程选用的潜水泵扬程 $h > 30$ m,流量 $Q = 6$ m^3/h。管井构造如图 3.5-1 所示,管井井孔直径 0.7 m,井管直径 0.4 m,滤水层厚度 0.15 m,滤水层材料选择要符合相关规定,以防将泥砂带走。降水井由 5 cm×5 cm 铁丝网、1 cm×1 cm 镀锌铅丝网和尼龙丝网包裹在 $\phi 8@150$ 外螺旋箍筋、$\phi 14@500$ 内加强箍上,$\phi 16$ 交叉钢筋封底,如图 3.5-2 所示。

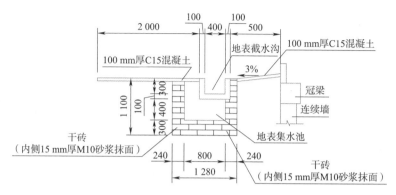

图 3.5-1　降水井构造图(单位:mm)

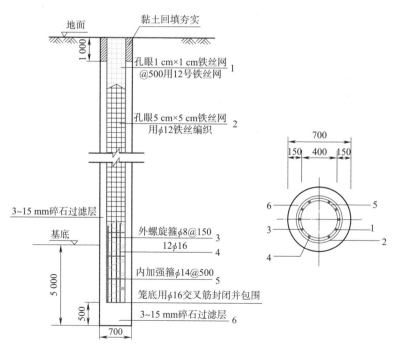

图 3.5-2　管井结构大样图(单位:mm)

(2) 管井井点布置

结合本站地质条件，根据群井效应和类似工程施工经验以及考虑咬合桩挡水作用，在基坑内设两排管井井点进行基坑内降水，井点间距约 20 m。

3. 成井施工

考虑抽水期内沉淀物可能沉积的高度，决定降水深度至站台层底板以下 2.5 m，基坑深 16.55~17.26 m，现场分为两段降水施工。井点深度按下式计算：

$$L = H + h + ir \tag{3.5}$$

式中　H——基坑开挖深度(m)；

　　　h——基坑底面至降低后水位的竖向距离，取 1 m；

　　　i——降落漏斗平均水力坡降，取 1/10；

　　　r——井管至基坑中心的距离(考虑 15 m)。

井深 1：$L = H + h + ir = 18 + 1 + (1/10) \times 15 = 20.5$ m；

井深 2：$L = H + h + ir = 20.5 + 1 + (1/10) \times 15 = 23$ m。

另考虑降水井施工误差以及抽水泵滤水口高度、井底预留深度等，降水井井身深度分别取 25 m、28 m。

(1) 成孔

根据相关经验，确定管井成孔采用钻孔法，孔径为 700 mm，泥浆护壁。泥浆的浓度严格控制，既保证在钻孔过程泥浆护壁作用，又能满足清孔过程中的浓度要求。钻孔过程中要控制孔的垂直度及施工深度比设计深度至少深 1.0 m。

(2) 沉放井管

在沉放井管前要进行清孔，下放时要保护好滤网和保证井管钢筋骨架连接牢固，不能出现松扣现象，在下放过程中要保证井管的垂直度。下放到位后，及时用粒径 3~15 mm 碎石滤料在滤网和井管周围进行回填，井口 1 000 mm 深范围用黏土回填夯实。

(3) 洗井

洗井是成井工艺中重要的一道工序。一口井能否发挥作用，取决于洗井的质量。在滤管四周填碎石后立即进行洗井,清除停留在孔内和透水层中的泥浆与孔壁的泥浆。疏通透水层,并在井周围形成良好反滤层。采用泥浆泵冲清水与小空压机相结合的办法洗井,以便破坏孔壁泥皮,并把附近土层内遗留下来的泥浆吸出。洗井前后两次抽水涌水量相差应小于15%,且洗井后井内沉渣不上升或基本不上升。

(4)安装潜水泵及试抽

在安装水泵前应量测井深和井底沉淀物厚度,洗井等符合要求后用缆绳将潜水泵吊入井管预定深度。潜水泵电机、电缆和接头应有可靠绝缘,并配置保护开关控制。安装完毕后应进行单井试验性抽水,以确定单井出水量和降水深度,并检查降水设备是否正常,满足要求后转入正常工作。

(5)降水井施工质量及技术要求

严格按照有关规范及设计图纸进行施工,钻机安装要调整水平,保持钻孔垂直,以保证井管钢筋笼能顺利下入预定深度。

下入井管钢筋笼时不能转动或上下窜动,防止滤网破损,导致泥砂涌入降水井。

井管钢筋笼外填滤料为1~3cm的碎石,应均匀下入,要充填密实。洗井要充分及时。

下入水泵时应用钢绳或铁丝拴牢,水管口应扎稳,水泵安装好后井口须安设盖板,防止异物掉入井内,抽水时做好抽水记录。

在进行降水之前,要全面检查水管、水泵以及电缆质量,发现问题要及时更换和修整。在更换新水泵前应先清洗滤井,冲除沉渣。检查各设备符合要求后,才能进行抽水。

4. 降水控制措施

(1)为保证围护结构和周围的环境安全,在进行降水时,根据设计要求以及以往同类工程施工经验,在基坑内外及地下管线上设一定数量且具有代表性的监控点,用来观测降水时对周围环境和基坑的影响,并指导基坑开挖施工和降水。

(2)每个集水井应配备一台水泵,做到随集随排,严禁排出的水回流入基坑;备用水泵不少于 2 台,雨季施工时施工单位应配备足够的排水设施。每次抽水对每口井的流量、水位进行测量,以便及时反馈数据,进行动态管理。

(3)井壁可用水泥管、竹片、木板临时简易加固,本设计暂以水泥管计列工程量。

(4)基坑分段分层开挖时,要保证基坑外降水井中的水位处于基坑开挖底面标高 1.0～1.5 m 以下。降水的方向同基坑开挖的方向,即自中部向两端降水。在每段基坑开挖前 20 d,开始对该段基坑进行降水。降水时要控制降水速度,避免由于降水过快引起桩孔内涌水。随基坑土方开挖的进行,基坑外降水井分段拆除。

(5)为尽量避免地下水在基坑底部排水沟内流动破坏地基土体,在施作垫层前应分段用黏土回填排水沟的下半部,上半部用砂砾等透水材料回填形成排水盲沟,用来疏排粘贴防水卷材时软式透水管内的渗水。

(6)进行结构施工时,在基坑内设置集水坑进行抽水。

3.5.2 土方开挖与钢支撑架设

十陵站主体基坑为长条形规则形状,长 466 m,基坑开挖深度 16.23 m,基坑开挖宽度 19.7～23.4 m。十陵站车站基坑开挖土方量 190 341 m^3。基坑开挖施工以保证施工和周围环境安全及节点工期为原则。土石方开挖的顺序、方法必须与设计工况相一致,严格按照时空效应理论,掌握好"分层、分段、分块、对称、限时"五个要点,并遵循"竖向分层、水平分区分段、开挖支撑、先撑后挖、严禁超挖、基坑底垫层要求到设计标高后及时浇筑"的原则,在确保工程安全、质量前提下快速施工,先中间后两侧,确保两侧预留土体护壁,减少围护桩的悬臂时间和悬臂长度。每步开挖所暴露的部分桩体宽度宜控制在 3～6 m。

1. 土方开挖

(1)概述

土方开挖顺序:从车站东西两端向中间开挖,同时安排凿除上层土体中桩突出部位混凝土,减少基坑暴露时间。开挖应保持均匀、平衡、对称,以使土体开挖过程中和开挖后应力释放均匀,保证基坑安全。

车站全长 466 m，标准宽度 19.7 m，基坑深度 15.13～20.45 m。按车站施工总部署，分为两个施工区段，其中第一区段自西向东进行开挖，第二区段自东向西进行开挖，每个施工区域内进行分段分层开挖和车站主体结构浇筑施工，分段长度一般约为 30 m。

(2) 施工方法

土方需分段、分层开挖，即"水平分段、竖向分层、两侧对称、先支后挖"。考虑土方开挖过程钢支撑影响机械挖土，基坑开挖采用"拉中槽"开挖方法，即基坑中间拉槽、两侧预留施作平台。开挖过程中加强施工监测，以监测指导施工，做到信息化施工。

具体开挖步骤如下：

第一步：首层开挖至冠梁底部，施作冠梁。

第二步：开挖至第一道钢支撑下 0.5 m，基坑中部开挖 2 m 深凹槽，两侧预留 3 m 宽施工平台，便于钢支撑及桩间网喷施工。

第三步：土方每层开挖深度 2 m，基坑中部开挖 2～3 m 深凹槽，两侧预留 3 m 宽施工平台，便于挂网喷射混凝土施工。开挖深度直至第二层钢支撑下 0.5 m，及时施作钢支撑及桩间网喷。

第四步：土方每层开挖深度 2 m，基坑中部开挖 2～3 m 深凹槽，两侧预留 3 m 宽施工平台，便于桩间网喷施工。直至开挖至第三道钢支撑下 0.5 m，及时施作钢支撑及桩间网喷。

第五步：土方开挖至基底上 0.3 m，剩余土方采用人工清理。

土方开挖过程中，放坡坡度为 1:0.75。于坡顶设置一道截水沟，防止雨水及其他地表水冲刷坡面。并于坡底设置排水沟及集水坑，及时抽排基坑内积水，防止积水浸泡基坑。

当基坑长度无法放坡时，采用台阶法开挖：采用 3 台挖掘机接力挖土，每台挖掘机由下向上一级台阶倒土，装车外运，当挖掘机已经无法挖掘下方土体时，3 台挖掘机各上一个台阶倒土。

台阶法无法倒土时，剩余少量土方采用人工配合龙门吊或长臂挖机挖完土方。

土方开挖至基底时应预留 0.3 m 厚的土层，用人工开挖和修整，边挖边修坡，以保证不扰动土且标高符合设计要求。遇标高超深时,不得用松土回填,应用砂、碎石或低强度等级混凝土填压(夯)实到设计标高;当地基局部存在软弱土层,不符合设计要求时,应与勘察、设计、建设部门共同提出方案进行处理。

待基坑开挖完成后,应由施工单位、设计单位、监理单位、建设单位等有关人员共同到现场进行检查、基底验槽,核对地质资料,检查地基土与工程地质勘察报告、设计图纸要求是否相符合,有无破坏原状土结构或发生较大的扰动现象。一般用表面检查验槽法,必要时采用钎探检查或洛阳铲探检查,经检查合格后,填写基坑槽验收、隐蔽工程记录,及时办理隐蔽手续。

实施性开挖方法、顺序、设备位置等将根据第三阶段场地情况,编制详细的施工方案。

(3)基坑开挖技术措施

①由于围护结构桩的防水以及降水井降水作用,基坑内积水主要为原地层含水及工程用水。每段基坑开挖时均应超前设置一个$1.0\text{ m} \times 1.0\text{ m} \times 1.5\text{ m}$的集水坑,将基坑内水汇入集水坑,用抽水机抽排至基坑外的截水沟排放到沉淀池,充分备好排水设备,确保基坑开挖面不浸水,保证开挖作业顺利进行。

②基坑开挖过程中及时架设支撑,保证基坑正常开挖及保证在加载卸载过程中围护结构的受力符合设计。

③为保证坑底平整,控制超欠挖,基坑开挖到设计坑底标高以上$20 \sim 30\text{ cm}$时,采用人工开挖找平,局部洼坑用砂填平、压实,同时设置集水井排除坑底积水,并立即进行结构垫层施工。

④随基坑开挖及时将围护桩间局部渗漏水用湿固性环氧树脂或水溶性自粘性、双快水泥等封堵或导管引排。

⑤设立监测体系,建立信息反馈系统,在开挖过程中对支撑体系的稳定性、地表沉降、排桩位移、水位变化、钢支撑轴力变化等派专人监测,并做好观测记录,出现异常立即处理。

⑥雨季施工时,每次施工完后对开挖面采用彩条布覆盖处理,以防止雨水冲刷边坡造成坍塌。

2. 钢支撑架设

(1)基坑支撑体系

十陵站基坑内支撑采用 $\phi 600$、$t=16$ mm 的钢管支撑,按照竖向3道、水平间距3 m设置,其中第一道支撑(撑在冠梁上)可按隔一拆一设置,即按水平间距6.0 m设置,端头斜撑处按3 m设置。第二、三道支撑采用2I45b双拼工钢作为钢腰梁,保证围护桩整体受力。钢支撑平面布置示意如图3.5-3和图3.5-4所示。

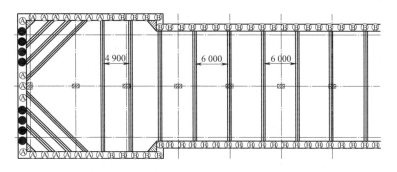

图 3.5-3 第一道钢支撑平面布置(单位:mm)

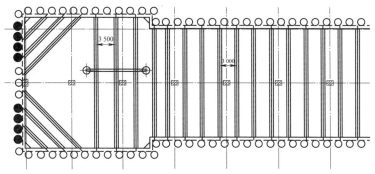

图 3.5-4 第二、三道钢支撑平面布置(单位:mm)

每榀钢支撑两端设置活动端头和固定端头,活动端头用于施加预应力,如图3.5-5所示。

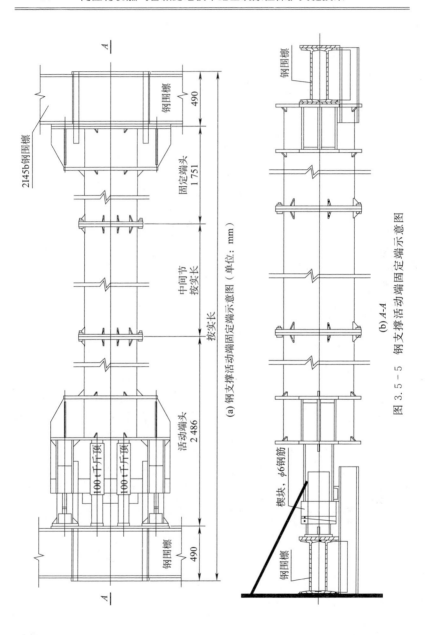

图 3.5-5 钢支撑活动端固定端示意图

每榀支撑安装完成,采用 2 台 100 t 千斤顶对围护结构施加预应力,千斤顶配置有压力表,施工过程中 2 台千斤顶同步施加应力,达到设计预加轴力后,塞紧钢楔块,拆除千斤顶。其中千斤顶需要有标定证书及合格证明书,由于千斤顶压力 P 单位为 MPa,而设计支撑轴力 F 单位为 kN,在安装过程中需要将千斤顶油缸直径 D 值测出,与千斤顶合格证上的直径比对一致后,进行轴力换算,换算公式为 $F=P\times\pi(D/2)^2$。

(2)支撑体系构件加工

基坑支撑体系构件主要包括钢管、钢腰梁、活动端头、固定端头,均委外加工,直接运输至施工现场,经配节拼装后直接使用。

(3)支撑体系安装施工流程

支撑体系安装施工流程如图 3.5-6 所示。

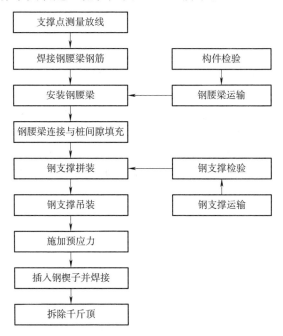

图 3.5-6 支撑体系安装施工流程

(4)支撑体系安装

①腰梁支架(钢牛腿)的安装

钢腰梁支座使用角钢加工而成,采用膨胀螺栓固定在钻孔桩上,如图3.5-7所示。

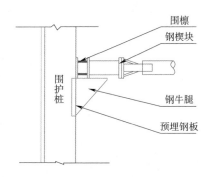

图3.5-7 钢支撑端部固定方法立面示意图

②钢腰梁的安装

a. 当土方开挖至各层钢腰梁设计标高时,先将腰梁支座安装完成,然后安装钢腰梁。

b. 用龙门吊将钢腰梁吊装于腰梁支座上,将其焊接固定在腰梁支座上,焊接强度必须承受横撑自重荷载2倍以上。在吊装过程中注意保护已安装好的钢支撑。

c. 为确保钢腰梁的稳固,纵向轴线平行于基坑轴线。

d. 钢腰梁和围护桩间的孔隙采用细石混凝土填充,使腰梁与桩密切接触,表面要垂直平整。

e. 为了便于钢腰梁的倒用,在安设标准段钢腰梁时,提前编好序号,防止错用、混用。

③钢管支撑的安装

钢管支撑在基坑周边场地内分段拼装,采用龙门吊吊装就位、安装,现场安装完成如图3.5-8所示。

钢支撑的安装按下列顺序进行:

图 3.5-8 钢支撑安装现场

a. 根据基坑宽度将活动端、固定端、标准管节拼装成整体,不同管节及管节与端头之间用螺栓连接。

b. 采取两点起吊法将拼装好的钢支撑吊放至预定位置和标高处,放置在已焊接好的钢腰梁托板上,此阶段的吊索不能松开。

c. 根据土方开挖不同时段,液压千斤顶缓慢对钢管支撑施加预应力至预定值,在活动端安设隼块,并固定。

④钢支撑安装过程中注意事项

a. 支撑安装应与土方开挖密切配合,当土方开挖到设计位置后,应及时安设钢支撑,控制在 16 h 内完成。

b. 只有当冠梁的混凝土强度达到设计强度的 80% 时,方可架设第一道钢支撑。

c. 为了减少温度应力对预加轴力的影响,在气温接近当天平均气温的时候对钢管支撑预加轴力。

d. 钢管支撑上监测仪器反映预加力损失较大时,及时补加轴力。

(5)内支撑体系施工技术措施

①钢管横撑的设置时间必须严格按设计工况条件掌握,土方开挖时需分段分层,严格控制安装横撑所需的基坑开挖深度。

②钢腰梁安装后,钢腰梁背面与桩面之间的空隙浇筑混凝土回填密实,确保钢腰梁与各桩面密贴。

③千斤顶预加轴力分两次施加到位,第一次施加至设计预加轴力值的 50%~70%,第二次施加至设计预加轴力值的 105%~110%,两次轴力预加之间间隔 5 min,每次预加轴力在千斤顶压力表稳压保持 5 min 后再进行二次加力。二次加力值同样在压力表稳

压保持 5 min 后固定。支撑设计轴力及预加轴力见表 3.5。

表 3.5 支撑设计轴力及预加轴力

支撑层数	轴力值	一般段		西端头扩大段		东端头扩大段	
		预加轴力值（kN）	设计轴力值（kN）	预加轴力值（kN）	设计轴力值（kN）	预加轴力值（kN）	设计轴力值（kN）
第一道		300	1 047	150	253	200	300
第二道		650	2 510	750	2 063	750	2 318
第三道		550	1 713	650	1 848	750	2 308

注：端头井斜撑段还需除以支撑角度的正弦。

④预加轴力完成后,应将伸缩腿与支撑头后座之间的空隙采用钢板楔块垫塞紧密,锁定钢支撑预加轴力后再拆除千斤顶。

⑤钢管横撑应对称间隔拆除,避免瞬间预加应力释放过大而导致结构局部变形、开裂。

⑥施工中加强桩体位移、变形及支撑轴力的监控量测,通过信息反馈指导支撑体系施工。

(6)斜支撑的施工方法

斜支撑架设安装方法与直撑基本相同(图 3.5-9),斜支撑处钢围檩设置抗剪蹬并与围护桩上预埋件焊接,保证其强度、刚度可靠。

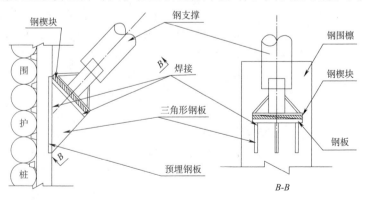

图 3.5-9 斜撑端部固定方法平面示意图

3.6 防水施工

3.6.1 防水概述

成都地铁4号线二期工程土建4标十陵站车站防水标准为一级（即结构不允许有渗水，内衬墙表面不得有湿渍），全包式防水。车站采用三道防线进行防水，即围护结构防水、柔性外防水层防水、结构混凝土自防水，防水构造如图3.6-1所示。

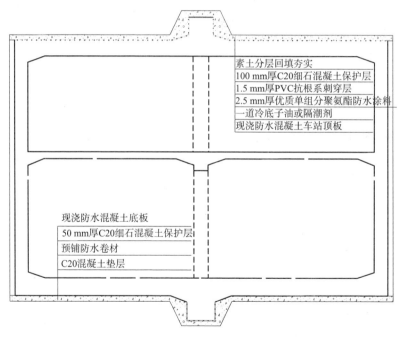

图3.6-1 防水构造图

车站主体结构混凝土采用防水混凝土，抗渗等级不小于P8。车站底部及侧墙采用自粘性防水卷材，顶板采用聚氨酯涂料，施工缝设置钢板止水带，诱导缝、车站与附属结构接口的变形缝设置钢边橡胶止水带止水，并增设背贴式止水带。

围护结构采用 $\phi1200$ 的钻孔灌注桩，混凝土强度等级为 C35 水下混凝土，改善和提高围护结构自身防水性能是防水施工的重要前提。严格控制水泥用量，为保证结构混凝土的耐久性，混凝土配合比最小胶凝材料用量不小于 320 kg/m³，不大于 400 kg/m³，控制好混凝土水胶比，水胶比不大于 0.5。

防水工程是控制工程质量的关键，它贯穿于施工的全过程。为了充分确保工程的防水质量，结合本车站结构特点、施工方法、工程地质、水文地质资料以及相关施工经验，本工程遵循"以防为主，防排截堵相结合，因地制宜，综合治理"和"以结构自防水为主，附加防水层为辅，多道防水层层把关"的防水施工技术原则，严格执行《地下工程防水技术规范》(GB 50108—2008)的要求，组织专业防水施工队伍进行施工，以此来确保结构防水的工程质量。

在车站工程施工中，由于种种原因，任何单一辅助性防水层的设置都不是万能的，因此必须重视结构自防水。车站主体结构混凝土采用防水混凝土。结构防水混凝土抗渗等级按照结构安全、耐久抗裂、防渗的要求确定，其强度指标为 C35，抗渗等级不小于 P8。混凝土产生的裂缝宽度不大于 0.2 mm，不允许出现贯穿性裂缝。混凝土施工质量的好坏直接关系防水效果的成败，控制好施工的每一环节是提高防水效果的保证。

1. 对防水混凝土生产的要求

主体结构混凝土为 C35 防水混凝土，混凝土耐侵蚀系数不小于 0.8。混凝土生产应符合如下要求：

(1)结构采用 C35 混凝土，混凝土抗渗等级不小于 P8，并宜采用高性能补偿收缩防水混凝土。

(2)选用质量稳定、低水化热和含碱量偏低的水泥；选用坚固耐久、级配合格、粒形良好的洁净骨料；使用优质粉煤灰、矿渣等矿物掺合料或复合矿物掺合料。

(3)在满足强度、密实度、抗渗等级、泵送混凝土和易性等条件下,严格控制水泥用量,水泥用量不得少于 320 kg/m³,掺有活性掺合料时水泥用量不得少于 280 kg/m³。

(4) 严格控制水胶比,最大限制为 0.45。

(5) 混凝土中最大氯离子含量为 0.06%。

(6) 混凝土外加剂中的氯离子含量不得大于混凝土中凝胶材料总重的 0.02%,高效减水剂中的硫酸钠含量不大于减水剂干重的 15%。

(7) 混凝土宜使用非碱活性骨料;当使用碱活性骨料时,混凝土中的最大碱含量为 3.0 kg/m³。

(8) 配置混凝土的骨料质地应均匀坚固,粒形和级配良好,空隙率小。粗骨料的压碎指标不大于 10%,吸水率不大于 2%。

(9) 控制水灰比、泵送混凝土坍落度、砂率、灰砂比在规范允许范围内。

(10) 根据设计要求,进行混凝土配合比设计,通过试配提出施工混凝土配合比,然后履行报批手续。

2. 对搅拌车运输、泵车输送混凝土的要求

(1) 混凝土到达现场后核对码单,并在现场做坍落度核查,允许有 1~2 cm 误差,超过时立即通知混凝土搅拌站调整。严禁在现场任意加水,并按规定留足抗压、抗渗试件。

(2) 从搅拌车卸出的混凝土不得发生离析现象,否则要重新搅拌,合格后方可卸料。

(3) 混凝土输送泵车保持良好状态。

(4) 输送泵管路拐弯宜缓,接头严密,不得有硬弯。输送混凝土过程中,接长管路时分段进行,接好一段,能泵出混凝土后方可接长下一段。

(5) 输送泵间歇时间预计超过 45 min 或混凝土出现离析现象时,需立即冲洗管内残留混凝土。

(6) 输送混凝土过程中,受料斗内保持足够混凝土。

(7) 混凝土必须保证供应,以保持连续作业。

3. 防水混凝土浇筑施工

(1)混凝土结构内的钢筋、扎丝、预埋件不得接触模板,保证满足设计保护层厚度。为减少板、墙钢筋非结构裂缝,板、墙构件分布钢筋宜采用 HRB335 级及以上钢筋,每侧分布钢筋配筋率:迎土面不低于 0.2%。分布钢筋的直径不宜小于 16 mm,间距不宜大于 150 mm。验仓合格后,方可浇筑混凝土。

(2)结构混凝土板采取分层、分幅浇筑,幅宽 1.0~2.0 m;结构混凝土墙分层对称浇筑。每层厚度:插入式振捣器,不大于 300 mm;表面振捣器,不大于 200 mm。

(3)落差大于 2 m 时,使用串筒或导管浇筑混凝土,以免混凝土离析。

(4)混凝土浇筑保持浇筑面坡度基本相同,缩小混凝土暴露面,加大浇筑强度,缩短浇筑时间,薄层浇筑,循序渐进,一次到顶,防止产生混凝土浇筑冷缝,提高混凝土的防裂抗渗性能。

(5)施工中确保混凝土保护层设计厚度。保护层垫块可用细石混凝土制作,垫块强度应高于构件本体混凝土。

(6)暴露于大气中的新浇混凝土表面应及时浇水或覆盖湿麻袋、湿棉毡等进行养护。根据现浇混凝土使用的胶凝材料的类型、水胶比及气象条件等确定潮湿养护时间。

(7)混凝土的入模温度应视气温而调整,在炎热气候下不宜高于气温且不超过 28 ℃,负温下不宜低于 12 ℃。对于构件最小断面尺寸在 300 mm 以上的低水胶比混凝土结构,混凝土的入模温度宜控制在 25 ℃以下。混凝土入模后的内部最高温度一般不高于 65 ℃,构件任一截面在任一时间内的内部最高温度与表层温度之差一般不高于 15 ℃,新浇混凝土与邻接的已硬化混凝土的温差不大于 15 ℃,混凝土的降温速率最大不宜超过 2 ℃/d。此外,当周围大气温度低于养护中混凝土表面温度超过 15 ℃时,混凝土表面必须保温覆盖以降低降温速率。

(8)混凝土浇筑后应仔细抹面压平,抹面时严禁洒水,并防止过渡操作影响表层混凝土的质量。

(9)在变形缝处进行"二次振捣",排除泌水和空气,捣实空隙,以增加混凝土的密实性。在预埋件、钢筋稠密等处和预留孔洞等处均加强振捣,但同时防止过振。

(10)混凝土达到设计强度后方可拆模。

(11)测定混凝土坍落度,每班不少于两次。测定掺引气剂的防水混凝土含气量,每班不少于一次。

(12)按规范要求制作足够的混凝土试块,混凝土试块养护期不少于 28 d。

(13)做好混凝土的养护工作。顶板和底板采用铺盖麻布洒水养护,侧墙采用喷淋养护,养护时间不少于 14 d。

4. 防水混凝土质量检验

(1)混凝土保护层厚度。通过钢筋保护层厚度检测仪的无损探测,确定现场混凝土保护层的实际厚度。

(2)混凝土保护层的密实性。一般通过回弹仪试验测定构件表层混凝土的抗压强度,间接推定混凝土保护层的密实性。测定宜在 28 d 左右的龄期进行,要求测得的强度平均值不低于预先规定的数值。

(3)在不掺缓凝剂的情况下,一般环境混凝土 12 h 标养强度不大于 8 kPa 或 24 h 标养强度不大于 12 kPa。

(4)车站内衬结构外设附加防水层,隔绝内衬混凝土与地下水接触。

(5)严格控制钢筋混凝土结构主筋净保护层厚度,受力钢筋净保护层最小厚度:钻孔灌注桩外侧 70 mm,内侧 50 mm;车站主体结构外侧 50 mm,内侧 40 mm。

3.6.2 柔性外防水施工

1. 材料控制

防水施工用的自粘性卷材、涂料、钢边止水带、橡胶止水带、外贴式止水带、膨胀止水条、截水槽、聚硫密封胶等必须符合国家质量标准,经检验合格后方能使用。运输到现场的材料必须根据材料的性能要求妥善保管。

2. 聚酯胎高聚物改性沥青自粘防水卷材施工

(1)基面处理

在围护结构施工中,喷射混凝土基面及连续墙结构基面粗糙、凹凸不平、钢筋头外露,对铺设防水层质量有很大影响,为此必须对防水层基面进行处理,要求及要点如下:

①底板垫层混凝土施工地,必须进行压光抹平,满足防水层的施工要求;侧墙首先对连续墙进行找平,有渗水的地方进行灌浆,把握好第一道防水防线,保证防水层施工时表面无渗水情况。

②基面不得有钢筋及凸出的管件等尖锐凸出物,否则要进行割除,割除部位用砂浆抹成圆曲面,以免防水层被扎破。

③转弯处的阴阳角均应做成圆弧,阴角处圆弧半径不小于10 cm,阳角处圆弧半径不小于5 cm。

④基面的含水率要求在8%以下,对于比较潮湿的部位应进行烘烤,保证基面干燥,从而不影响防水效果。

⑤对于基坑渗水量比较大的部位,应在基坑底部设置盲沟和暗沟,把水引到施工工作面以外,暗沟采用细石作为反滤层,并加一层土工布。

(2)聚酯胎高聚物改性沥青自粘防水卷材施工工艺

①施工前,基层表面应均匀涂刷基层处理剂,干燥后应及时铺贴卷材。铺贴卷材时,应将自粘胶底面隔离纸完全撕净,使卷材与基面接合,然后压实。压实应采用压辊进行。

②铺贴大面积自粘卷材时,应先仔细剥开卷材一端背面隔离纸约500 mm,将卷材头对准标准线轻轻摆铺,位置准确后再压实,端头粘牢后即可将卷材反向放在已铺好的卷材上,从纸芯中穿进一根500 mm长钢管,由两人各持一端徐徐往前沿标准线摊铺,摊铺时切忌拉紧,但也不能有皱褶和扭曲,在摊铺卷材过程中,另一人手拉隔

离纸缓缓掀剥,必须将自粘胶底面的隔离纸全部撕净。

③在立面上铺贴时,由上往下边撕隔离膜,边慢慢往下滚压,并在卷材上部加热后粘贴牢固,以防止卷材下滑。自粘性卷材一般在15 ℃以上环境下施工,若低于此温度时,可用喷灯或热风焊枪进行烘烤辅助施工。

④铺完一幅卷材,即用长柄压辊从卷材中间向两边顺次来回滚压,彻底排除卷材下面的空气,为粘结牢靠,应用大压辊再一次压实。

⑤在搭接缝处,为提高可靠性,可采用热风焊枪加热,加热后随即粘贴牢固,溢出的自粘胶随即刮平封口,卷材的横缝应交叉形成最多搭接厚度为三层的"T"字形,避免出现四层搭接,搭接宽度为100 mm。

⑥卷材的接缝口采用密封胶带封严,胶带宽度不小于 10 mm。

(3)防水层检验

①表面平整、无空鼓、无裂缝、无孔洞、无机械损坏。

②搭接长度满足设计要求,防水层之间应紧密结合,密封严实,不得有渗漏现象。

③防水检验方法:在 500 m^2 防水层内任意割取 5 块检验样品(150 mm×150 mm),检验其粘牢宽度应大于 60 mm 为合格,否则应在搭接缝上做补条处理。

(4)防水层的保护

防水层施工完毕,经验收合格后,立即施作保护层,方能进行下一道工序,底板及顶板浇筑细石混凝土进行保护。

3. 单组分聚氨酯涂膜防水层施工

涂料防水层厚度为 2.5 mm,施工工艺流程如图 3.6-2 所示。

(1)基面处理

浇筑顶板混凝土时进行压光处理,其他与聚酯胎改性沥青自粘防水卷材相同。

(2)防水涂料施工

①单组分防水涂料在施工前先搅拌均匀,搅拌时间不少于 2 min。

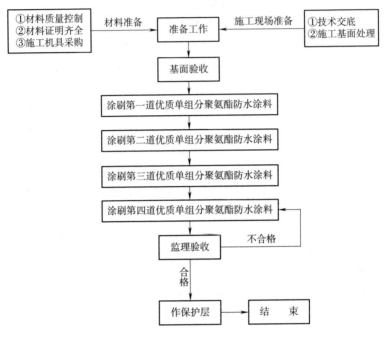

图 3.6-2 涂膜防水层施工工艺流程

②在平面部位作业时,将搅拌好的防水涂料倒在施工部位,随即用橡皮刮板、刷子或滚筒均匀地将其涂刷在基层上,涂膜厚度严格按照涂料施工规范进行。

③立面作业时,可将混合料盛在平口的塑料簸箕内,平口对着墙面上料,用橡皮刮板、刷子或滚筒将其涂刷均匀。

④第一层涂料施工结束,需等到 12 h 以后才能进行第二次涂料的施工,整个防水涂料施工需要四次才能完成,每一次涂料层面必须保持干燥和洁净,涂料固化以前,严禁上人和摆放物体。

⑤防水涂料施工时前后两次的涂刷方向必须互相垂直,前后两次的施工搭接缝至少错开 100 mm。

⑥防水涂料的验收。防水涂膜凝固后,需经监理工程师验收,防

水涂膜表面平整,不得有漏涂、翘边、开裂、空鼓、气泡剥落、破损现象。立面防水涂膜不得有明显的流淌现象,防水涂膜工程不得有渗漏现象,防水涂膜的厚度必须达到 2.5 mm,厚度检查采用割取法,每 100 m² 取三点,每增加 100 m² 加测一点。测点由随机抽样选得,具有一定代表性。测点平均厚度应符合设计厚度,30%的测点厚度不低于设计厚度的 80%。

⑦涂料防水保护层施工。验收合格后的防水层铺设隔离层并及时铺设细石混凝土保护层,混凝土施工严格按照设计规范进行,待混凝土达到强度后才能进行下一道工序。

3.6.3 特殊部位处理

1. 诱导缝

车站主体环向设诱导缝,诱导缝按主体结构设计要求位置进行设置,缝间采用钢边橡胶止水带止水。

(1)顶板诱导缝采用中埋式钢边橡胶止水带止水,缝间上端头设单组分聚氨酯防水涂料加强层,接缝处采用密封胶及聚乙烯片进行处理,防水涂料做加强处理,缝间下方设有接水盒。

(2)侧墙诱导缝采用中埋式钢边橡胶止水带止水,靠围护结构侧设外贴式止水带,止水带与卷材粘结在一起,该部位卷材做加强处理;内侧设有接水盒。

(3)底板诱导缝采用中埋式钢边橡胶止水带止水(距结构上部位 250 mm),底板防水层处设有防水卷材加强层和外贴式橡胶止水带止水。

(4)诱导缝的顶板、底板和中楼板的过缝钢筋采用塑料套管(管内填黄油,套管两端用胶布封口)过缝的方式进行处理。

(5)诱导缝的顶板和底板的中埋式止水带采用盆式安装方法,用钢筋进行固定,止水带两翼与水平方向的夹角控制在 15°~20°之间。

顶板、侧墙和底板诱导缝防水处理施工如图 3.6-3~图 3.6-5 所示。

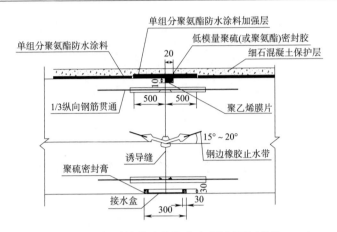

图 3.6-3 顶板诱导缝及其接水盒(纵剖面)(单位:mm)

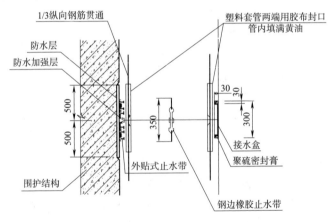

图 3.6-4 侧墙诱导缝(平剖面)(单位:mm)

2. 施工缝

施工缝是防水薄弱部位之一,结构混凝土施工中尽量少设施工缝。环向施工缝间距按主体结构设计要求设置,垂直施工缝应错开结构受力较大的部位,最低水平施工缝距底板面不少于 300 mm,距穿墙管孔洞边缘不少于 300 mm,施工缝处设置钢板止水带,该部位

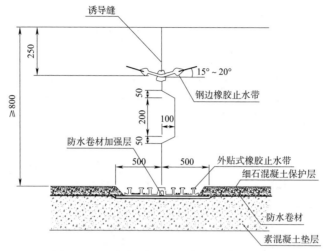

图 3.6-5 底板诱导缝(纵剖面)(单位:mm)

的柔性防水层做加强处理。后浇混凝土浇筑前应将先浇混凝土基面凿毛并冲洗干净,并涂刷优质混凝土界面处理剂。

(1)所购买的钢板必须符合设计要求,安装前对钢板进行加工,加工形状呈燕尾形。

(2)在结构钢筋上焊接钢板支撑臂,支撑臂采用 $\phi 12$ 的钢筋切割而成,钢板焊接在支撑臂上,焊接所用焊条的规格及材料性能应符合设计要求。

(3)钢板中心线与施工缝重合,安装于 1/2 板(墙)厚处,并且先浇混凝土和后浇混凝土各一半,保证钢板的水平度和垂直度,钢板用钢筋固定,与主筋焊接在一起。

(4)镀锌钢板止水带燕尾朝向要求:顶、底板燕尾朝上,侧墙水平施工缝朝背水侧,侧墙竖向施工缝朝迎水侧。

(5)钢板搭接为 15 cm,采用双面缝焊接,拼接焊缝严密,如发现焊缝不合格或有渗漏现象,应予修整或补焊,安装好的钢板严禁上人和摆放物体,防止钢板变形和错位。

(6)垂直施工缝挡土模采用快易收口网,收口网采用小钢筋固定,焊接于结构钢筋上。

(7) 浇筑混凝土时,保证钢板处混凝土的密实度,浇筑结束,清除快易收口和钢板的水泥浆。

(8) 为保证混凝土接合良好,施工前水平施工缝应进行凿毛处理,清理干净施工缝处的混凝土渣和其他杂物,方能进行下一次混凝土的浇筑。

顶板、侧墙和底板施工缝防水处理如图 3.6-6～图 3.6-8 所示,施工缝照片如图 3.6-9 所示。

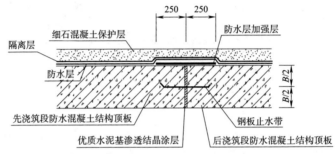

图 3.6-6 顶板施工缝防水处理(单位:mm)

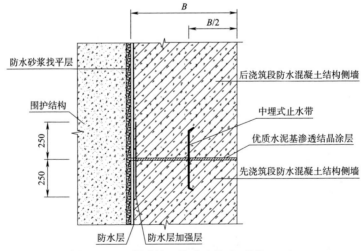

图 3.6-7 侧墙施工缝防水处理(单位:mm)

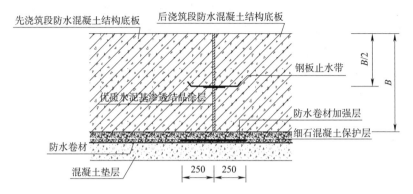

图 3.6-8 底板施工缝防水处理(单位:mm)

图 3.6-9 施工现场处理

3. 变形缝

车站主体不设置变形缝,在车站与附属接口、车站与区间接口处设置变形缝。

(1)顶板、侧墙变形缝采用中埋式钢边橡胶止水带止水,缝间充填衬垫板,缝间上下端头采用 PE 泡沫棒和嵌缝膏封口,柔性防水层做加强处理,内侧设有接水盒。

(2)底板变形缝采用中埋式钢边橡胶止水带止水(结构上部位),

缝间充填中密度聚乙烯板,底板防水层处做加强处理,并设置背贴式橡胶止水带止水,缝间上方嵌缝膏封口。

顶板和底板的中埋式止水带采用盆式安装方法,止水带两翼与水平方向的夹角控制在15°～20°之间。顶板、侧墙和底板变形缝防水处理施工如图3.6-10～图3.6-12所示。

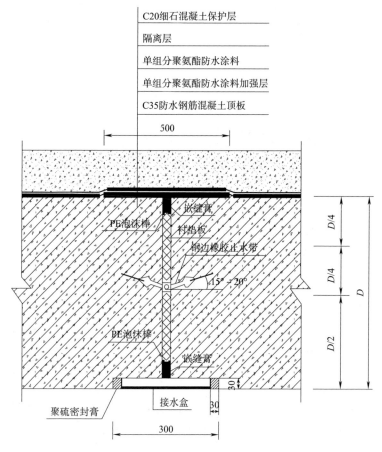

图3.6-10 顶板变形缝防水处理(单位:mm)

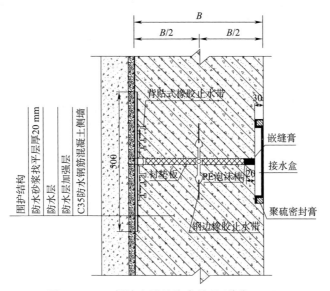

图 3.6-11 侧墙变形缝防水处理(单位:mm)

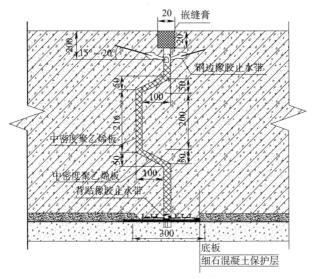

图 3.6-12 底板变形缝防水处理(单位:mm)

4. 转角加强

防水涂料和自粘性卷材在施工中转角处应做加强处理,具体做法是:底板、边墙以转角线为中心,再铺设一条60 cm宽的防水卷材,基面转角应做成圆弧形,阴角先做加强层再做防水层,阳角则后做加强层,钢筋绑扎时,严禁钢筋碰到防水层,顶板转角处,以转角线为中心,再涂刷一层防水涂料作为加强层。特殊部位防水处理施工具体如图 3.6-13～图 3.6-15 所示。

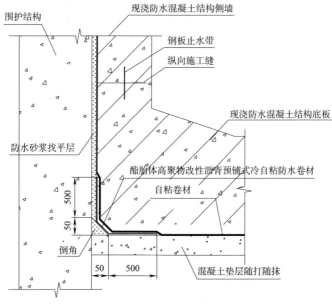

图 3.6-13 底板转角加强(单位:mm)

5. 车站接口防水施工

车站与风道、车站与出入口及区间的连接部位设置变形缝,在底板及边墙外侧设置背贴式止水带,该部位防水卷材做加强处理。车站截面变化部位的防水层由截面较大的一侧向截面较小的一侧铺设。外防水层无法直接过渡连接时,可采用背贴式止水带的方法形成封闭区。出入口、风道、区间均采用全包防水,选用的防水材料及施工处理同主体。

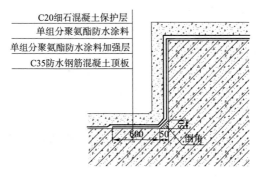

图 3.6-14 上翻梁转角加强(单位:mm)

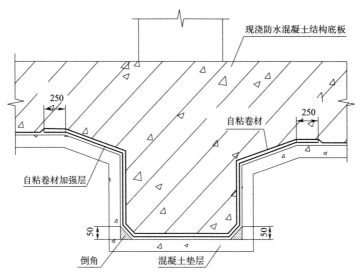

图 3.6-15 下翻梁转角加强(单位:mm)

6. 穿墙管施工

穿墙管件(如接地电极或穿墙管)等穿过防水层的部位采用止水法兰和遇水膨胀腻子条进行加强防水处理,在管及电极中央安装止水板,截断渗水通道,同时根据选用的不同防水材料对穿过防水板的部位采取相应的防水密封处理措施。

7. 抗拔桩及中立柱等部位施工

(1)抗拔桩桩头防水施工

抗拔桩桩头防水材料采用缓膨胀止水条、水泥基渗透结晶型防水材料,采用背贴式止水带将卷材收口处理。破桩后如发现渗漏水,先采取措施将渗漏水止住,保证无水作业;桩头须先进行凿毛处理,使其具有坚实的基面。

(2)中立柱桩位置处理

中立柱周围采用背贴式止水带将卷材收口,在格构柱上焊接止水钢板,钢板位于底板及顶板厚度的一半位置处。

8. 自粘性卷材与涂料的衔接处理

自粘性防水卷材与涂料衔接部位为结构侧墙与顶板相接处,如图3.6-16所示,防水处理措施如下:

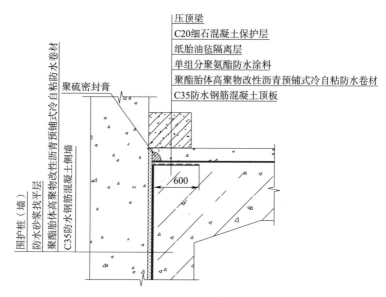

图3.6-16　防水材料衔接示意图(单位:mm)

(1)防水涂料与自粘性防水卷材互相搭接60 cm以上,卷材延过顶板与侧墙转角60 cm,然后施工防水涂料,涂料接口用聚硫密封膏进行收口。

(2)验收合格后施工隔离层及细石混凝土保护层。

3.7 主体结构施工

3.7.1 主体结构施工步序

十陵站车站主体结构施工步序见表3.7-1。

表3.7-1 明挖顺作法总体施工步序

施工步序	说 明	示 意 图
1	施工综合接地网、基底垫层、底板防水层及底板,底板浇筑30 cm导墙	
2	待底板混凝土强度达到设计强度后,拆除第三道钢支撑,施工中板下中柱及中板下侧墙	

续上表

施工步序	说　明	示　意　图
3	待中板下侧墙及中柱混凝土强度达到设计强度后,拆除模板施工轨顶风道及中板,中板浇筑 30 cm 导墙	
4	待中板强度达到设计要求后,拆除第二道钢支撑,施工顶板下侧墙及中柱	
5	待侧墙达到设计强度要求后拆除模板,施工顶板	

续上表

施工步序	说　明	示　意　图
6	进行站台板施工，待顶板达到设计强度后，施工顶板防水层及素混凝土回填，覆土至支撑底后拆除首道钢筋混凝土支撑，回填覆土、敷设地下管线及恢复路面	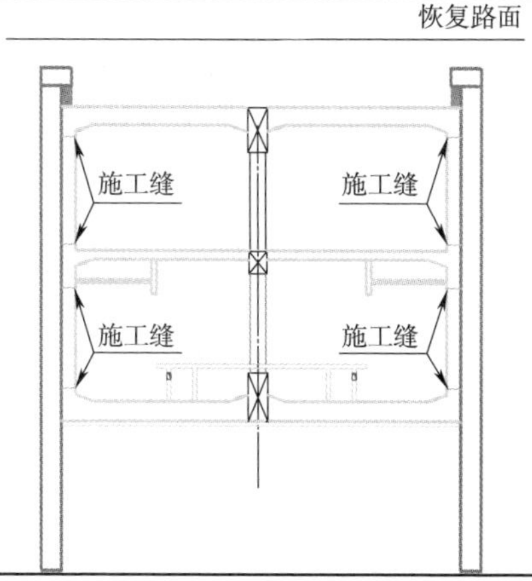

3.7.2 接地网施工

接地网施工工艺流程如图 3.7－1 所示。在每节段土方开挖至设计标高后，测量放线出垂直接地体及水平接地网位置。水平接地网采用人工挖槽埋设，垂直接地体采用洛阳铲钻孔埋设。垂直接地体与水平接地网在敷设的同时周边均应施放降阻剂，使降阻剂握裹接地体，降低电阻。水平均压带不施放降阻剂。为使接地网形成连通回路，垂直、水平接地体交叉处均应采取气焊法将其焊牢。

(1) 接地网在车站底板垫层下的埋设深度不小于 0.6 m，若底板垫层底部标高有变化，仍应保持 0.6 m 的相对关系。

(2) 接地网的引出线要求引出车站底板以上 0.5 m。为防止结构钢筋发生电化学腐蚀，必须用绝缘热缩带进行绝缘处理，为防止地下水沿引出线渗入地底结构，引出线上还应安设止水环。

(3) 接地引出线应妥善保护，严防断裂。

(4) 每一节段接地网施工完毕后应进行接地电阻、接触电位差及跨步电位差测试，如不满足相关标准要求，则视具体情况进行处理。

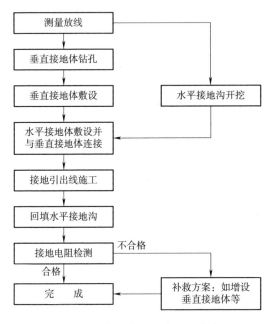

图 3.7-1 车站接地网施工工艺流程

(5) 水平接地网沟用黏性土回填密实后方可进行下道工序。

结构底板下需做 200 mm 厚 C20 混凝土垫层。垫层根据土方开挖及主体结构施工分段方案分段施工，基坑开挖至基底并验收完毕后(图 3.7-2)，及时施工垫层封底，有接地网部分待其施工完成后再施工。垫层混凝土由商品混凝土供应商直接运送到工地泵送浇筑。为便于铺贴底板附加防水层，底板垫层捣固密实后抹平、抹光。

图 3.7-2 基底验收完成

3.7.3 钢筋工程施工

1. 施工准备

(1)钢筋运输至现场后,要求核对钢筋的编号、直径、形状、尺寸和数量等,确保材料进场质量。

(2)保证人、材、机满足现场施工生产需求。

(3)绑扎钢筋前,要求由工地主管技术人员对钢筋放样施工操作人员进行书面技术交底,交底后由班组长在模板上划出钢筋位置线,柱的箍筋在两根对角线主筋上划点;梁的箍筋在架立筋上划点;基础钢筋在两边各选一根钢筋划点或在垫层上直接划点,或由班组长划出钢筋位置。

2. 钢筋加工

(1)所有加工好的钢筋一律按规格、型号挂牌,分别存放,并做好防锈工作,设专人负责。

(2)钢筋用切断机切断,所有弯钩用弯曲机成型。

(3)特殊部位的钢筋需放大样。

(4)钢筋在加工弯制前调直,需符合下列规定:

①钢筋表面的油渍、漆污、水泥浆和用锤敲击能剥落的浮皮、铁锈等都清除干净。

②钢筋平直,无局部折曲。

③加工后的钢筋表面不应有削弱钢筋截面的伤痕。

④钢筋的弯制和末端弯钩均严格按设计要求加工,设计无要求时应符合以下规定:

a. 弯起钢筋弯成平滑曲线,曲率半径 r 不小于钢筋直径的 10 倍(光圆)或 12 倍(螺纹)。

b. 箍筋末端设弯钩,弯钩的弯曲内直径大于受力钢筋直径,不小于箍筋直径的 2.5 倍,弯钩平直部分长度不小于箍筋直径的 5 倍。

c. 钢筋加工允许偏差不超过表 3.7-2 的规定。

表 3.7-2　钢筋加工允许偏差

项　目		允许偏差
调直后局部弯曲		$d/4$
受力钢筋顺长度方向全长尺寸		±10 mm
弯起成型钢筋	弯起点位置	±20 mm
	弯起高度	0～−10 mm
	弯起角度	2°
	钢筋宽度	±10 mm
箍筋宽、高		5 mm、−10 mm

注：d 为钢筋直径(mm)。

3. 钢筋连接形式

根据本工程钢筋的使用部位和直径，采用表 3.7-3 所示几种连接形式。

表 3.7-3　钢筋连接形式

钢筋方向	钢筋直径(mm)	连接形式
竖向	20≤d	直螺纹连接
	d<20	搭接焊
横向	20≤d	直螺纹连接
	d<20	搭接焊

(1)直螺纹连接

①工艺流程

预接：钢筋端面平头→剥肋滚压螺纹→丝头质量检验→利用套筒连接→接头检验。

现场连接：钢筋就位→拧下钢筋保护帽和套筒保护帽→接头拧紧→做标记→施工质量检验。

②钢筋丝头加工

a. 按钢筋规格所需的调整试棒调整好滚丝头内孔最小尺寸。

b. 按钢筋规格更换涨环刀，并按规定的丝头加工尺寸调整好剥肋直径尺寸。

c. 调整剥肋挡块及滚压行程开关位置，保证剥肋及滚压螺纹的长度符合丝头加工尺寸的规定。

③技术要求

a. 钢筋丝头加工完成、检验合格后,要用专用的钢筋丝头保护帽或连接套筒对钢筋丝头进行保护,以防螺纹在钢筋搬动或运输过程中被损坏或污染。

b. 使用扳手或管钳对钢筋接头拧紧时,只要达到力矩扳手调定的力矩即可。

c. 钢筋端部平头最好使用台式砂轮片切割机进行切割。

④钢筋连接注意事项

a. 钢筋丝头检验合格后应保持干净无损伤。

b. 所连钢筋规格必须与连接套规格一致。

c. 连接水平钢筋时,必须从一头往另一头依次连接,不得从两头往从中间或从中间往两端连接。

d. 连接钢筋时,一定要先将待连接钢筋丝头拧入同规格的连接套之后,再用力矩扳手拧紧钢筋接头;连接成型后用红油漆作出标记,以防遗漏。

e. 力矩扳手不使用时,将其力矩值调为零,以保证其精度。

⑤检查钢筋连接质量

连接完毕后,标准型接头套筒外应有外露有效螺纹,套筒单边外露有效螺纹不得超过 $2P$,具体见表3.7-4。

表3.7-4 直螺纹接头相关标准要求

钢筋型号	$\phi20$	$\phi22$	$\phi25$	$\phi28$	$\phi32$
扯丝长度(mm)	28	28	33	37	41
扯丝丝扣数(圈)	11	11	11	12	14.5
最小拧紧力矩(N·m)	200	200	250	280	320

注:扯丝丝扣数量允许偏差为$+2P$(P为螺纹间距)。

(2)搭接焊连接

①焊接过程中及时清渣,焊缝表面光滑平整,加强焊缝平滑过渡,弧坑应填满。

②搭接焊的钢筋搭接长度及焊缝长度满足规范要求(单面搭接

焊 $10d$,双面搭接焊 $5d$,d 为钢筋直径)。

③钢筋接头设置在钢筋承受力较小处且应避开钢筋弯曲处,距弯曲点不小于 10 倍的钢筋直径。

4. 钢筋绑扎施工

(1)底板、底梁钢筋绑扎

底板、底梁钢筋绑扎在垫层完成后进行。底板先绑扎底层钢筋,后绑扎上层钢筋,上下两层之间用 $\phi 18$ 钢筋作支架,其间距为 1 000 mm×1 000 mm,以确保两层钢筋网片之间的间距符合设计要求,下层钢筋的垫块按设计的混凝土等级制作。底梁与底板钢筋绑扎同步,绑扎过程中必须保证梁与板钢筋相对位置准确。

在绑扎底板钢筋后,在底板上预留侧墙及柱插筋,侧墙钢筋超出底板面 50 cm 后留接头,钢筋接头按设计要求留设并错开布置。侧墙及柱钢筋用拉筋支撑加固,避免歪斜。

(2)中板和顶板、中梁和顶梁、站台板和轨顶风道底板钢筋绑扎

中板和顶板、中梁和顶梁、站台板和轨顶风道底板钢筋在模板安装并检查合格后进行绑扎,方法同底板、底梁钢筋绑扎。

板底钢筋:短跨方向的钢筋布置在下,长跨方向的钢筋布置在上。

板面钢筋:短跨方向的钢筋布置在上,长跨方向的钢筋布置在下。

(3)中柱钢筋绑扎

中柱钢筋有两次接头,第一次为站台层与底板处的连接,第二次为站厅层与顶板处的连接,接头形式采用机械连接。施工时,必须保证钢筋机械连接质量和钢筋绑扎尺寸正确。

(4)侧墙、站台板侧墙和轨顶风道侧墙钢筋绑扎

侧墙钢筋有六次接头,第一次为中板下侧墙钢筋和底板插筋相接,第二次为中板下侧墙与中板插筋相接,第三次为顶板下侧墙与中板处插筋相接,第四次为顶板下侧墙与顶板处钢筋相接。侧墙双层钢筋之间用 $\phi 12$ 拉钩间距 1 000 mm×1 000 mm 错开布置作支撑以固定间距,以防钢筋向内变形,并且可以作为支设模板时固定截面尺寸用。侧墙钢筋外垫水泥砂浆垫块作保护层,保护层厚度根据设计要求而定。

站台板侧墙钢筋有一次接头,为底板预留钢筋与站台板侧墙钢筋相接。站台板侧墙钢筋绑扎方法同侧墙。

轨顶风道侧墙钢筋无接头,侧墙钢筋直接锚入中板,锚入长度符合设计图纸要求。轨顶风道侧墙钢筋双层布置,定位方法同侧墙定位方法。

(5)绑扎质量控制

①钢筋的交叉点用铁丝全部绑扎牢固,不得少于90%。钢筋绑扎接头搭接长度及误差应符合规范和设计要求,且铁丝扎头进入墙内,以免侵入保护层。

②钢筋接头设置在钢筋承受力较小处且应避开钢筋弯曲处,距弯曲点不小于 $10d$。

③钢筋安装位置应符合设计要求,误差应符合表 3.7-5 的规定。

表 3.7-5　钢筋绑扎位置允许偏差

项　目	允许偏差(mm)
箍筋间距	±10
列间距	±10
层间距	±5
钢筋弯起位移	±10
受力钢筋保护层	±5

5. 钢筋杂散电流施工

(1)车站主体结构底板、中板、顶板及内衬墙每隔 5 m 横断面的表层钢筋与纵向钢筋焊接,如图 3.7-3 所示。

(2)纵向钢筋与横向钢筋的焊接要求:

①顶板、中板、底板及内衬墙内表层钢筋纵向每隔 5 m 与横向钢筋圈焊。

②诱导缝两侧第一排钢筋应与底板、中板及内衬墙的所有钢筋点焊。

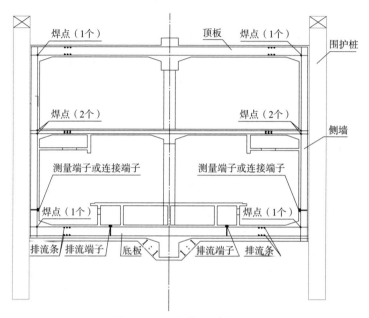

图 3.7-3 杂散电流施工图

(3)底板、中板、顶板及内衬墙纵向钢筋搭接处均要焊接。

(4)在每道诱导缝处设置 4 个连接端子并用电缆连接;连接端子采用埋入式杂散端子并与侧墙内两根纵向钢筋焊接,用 95 mm² 电缆将诱导缝两侧连接端子连接,电缆长度为两连接端子距离加 80 mm。具体如图 3.7-4 所示。

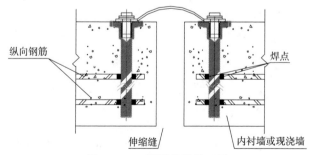

图 3.7-4 诱导缝处施工图

(5)焊接方法如图 3.7-5 和图 3.7-6 所示。

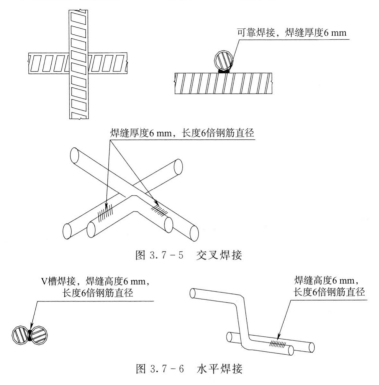

图 3.7-5 交叉焊接

图 3.7-6 水平焊接

3.7.4 模板工程施工

十陵站主体结构顶板模板采用 18 mm 厚酚醛板,支撑加固采用 600 mm×900 mm×1 200 mm(纵×宽×步距)碗扣式脚手架,梁底步距加密为 600 mm,主楞木采用 150 mm×150 mm 方木,间距 900 mm,次楞木采用 100 mm×50 mm 方木,间距 300 mm。

十陵站主体结构中板模板采用 18 mm 厚酚醛板,支撑加固采用 900 mm×900 mm×1 200 mm(纵×宽×步距)碗扣式脚手架,梁底步距加密至 600 mm,主楞木采用 100 mm×100 mm 方木,间距 900 mm,次楞木采用 100 mm×50 mm 方木,间距 300 mm,如图 3.7-7 所示。

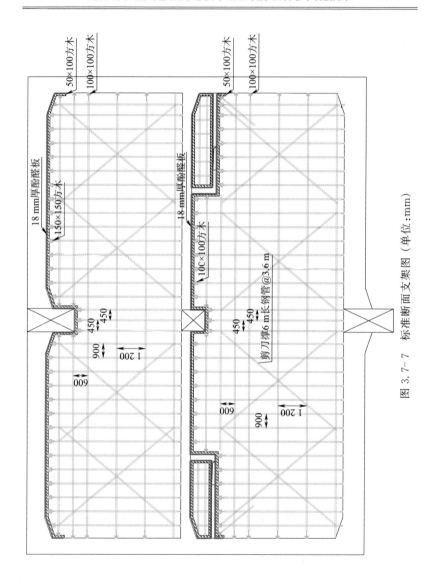

图 3.7-7 标准断面支架图（单位：mm）

十陵站主体结构侧墙采用 4.7 m×1.5 m 钢模板,支撑加固体系采用卓良三脚支架,如图 3.7-8 所示。

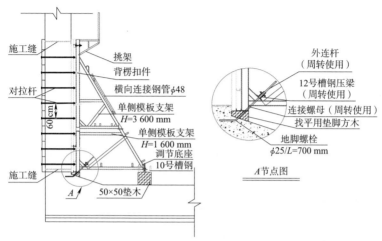

图 3.7-8 单侧模板支模体系示意图

十陵站中柱模板采用 18 mm 厚酚醛板,支撑加固采用扣件式脚手架＋ϕ14 对拉螺栓加固,楞木采用 100 mm×50 mm 方木,间距 200 mm,如图 3.7-9 所示。

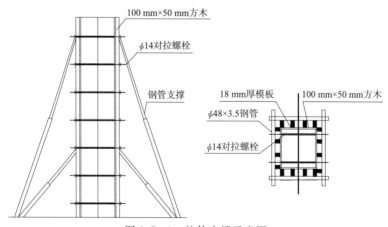

图 3.7-9 柱体支撑示意图

十陵站楼梯、扶梯底模模板采用 14 mm 厚酚醛板,支撑加固采用 900 mm×900 mm×1 800 mm(纵×宽×步距)扣件式脚手架,楼梯板下设置 50 mm×100 mm 方木,间距 300 mm;踏步采用 50 mm 厚木板,上部设置 50 mm×100 mm 方木固定,如图 3.7-10 所示。

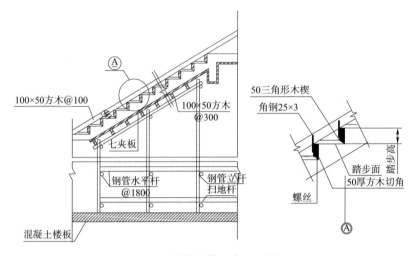

图 3.7-10 楼梯支模示意图(单位:mm)

十陵站轨顶风道底模采用 18 mm 厚酚醛板,支撑加固采用 900 mm×900 mm×1 200 mm(纵×宽×步距)扣件式脚手架,主楞木为 100 mm×100 mm 方木,次楞木为 100 mm×50 mm 方木,间距 300 mm。

十陵站台板、墙模板采用酚醛模板,由扣件式钢管脚手架支撑,其中纵横间距 900 mm,搭设 2 层,支撑墙模板设 $\phi 14$ 对拉螺栓;次楞木为 50 mm×100 mm 方木,板主楞木为 100 mm×100 mm 方木,墙主楞木采用 2 根 $\phi 48×3.5$ mm 钢管,如图 3.7-11 所示。支架现场搭设如图 3.7-12 所示。

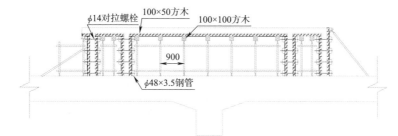

图3.7-11 站台板支模示意图(单位:mm)

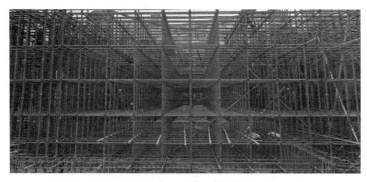

图3.7-12 支架现场搭设

1. 立杆验算

(1)中板下脚手架验算

中板下脚手架横、纵向间距900 mm,步距1 200 mm,搭设高度6.27 m。

①荷载计算

钢筋混凝土自重 Q_1：$25\times0.4\times0.9\times0.9=8.1$ kN

酚醛板自重 Q_2：$0.5\times0.9\times0.9=0.405$ kN

活荷载为施工过程中人员机械及振捣产生的 P_1：$(1+2)\times0.9\times0.9=2.43$ kN

组合荷载为：$N=1.2\times(8.1+0.405)+1.4\times2.43=13.608$ kN

②立杆轴力验算

计算公式为

$$\sigma = \frac{N}{\psi \times A} < [f] \qquad (3.7\text{-}1)$$

式中 ψ——轴心受压杆件稳定系数,$\psi = \frac{l_0}{\lambda}$,计算长度 $l_0 = 2a + h = 2 \times 0.5 + 0.4 = 1.4$ m(a 为顶托自由端,最大 0.5 m),$\lambda = l_0/i = 1.4/0.01594 = 88$,查表得 $\psi = 0.673$;

A——立杆计算净截面积,取 4.89 cm²;

$[f]$——立杆受压设计强度,取 205 N/mm²。

立杆应力:$13\,608/(0.673 \times 489) = 41.3$ N/mm² $< [f]$,满足要求。

(2)顶板下脚手架验算

顶板下脚手架横向间距 900 mm,纵向间距 600 mm,步距 1 200 mm,搭设高度 5.1 m。

① 荷载计算

钢筋混凝土自重 Q_1:$25 \times 0.8 \times 0.6 \times 0.9 = 10.8$ kN

酚醛板自重 Q_2:$0.5 \times 0.9 \times 0.6 = 0.27$ kN

活荷载为施工过程中人员机械及振捣产生的 P_1:$(1+2) \times 0.9 \times 0.6 = 1.62$ kN

组合荷载为:$N = 1.2 \times (10.8 + 0.27) + 1.4 \times 1.62 = 15.552$ kN

② 立杆轴力验算

计算公式同式(3.7-1)。其中 ψ 查表得 $\psi = 0.496$($\psi = \frac{l_0}{\lambda}$,计算长度 $l_0 = 2a + h = 2 \times 0.5 + 0.8 = 1.8$ m(a 为顶托自由端,最大 0.5 m),$\lambda = l_0/i = 1.8/0.01594 = 113$);$A$ 取 4.89 cm²;$[f]$ 取 205 N/mm²。

立杆应力:$15\,552/(0.496 \times 489) = 64.1$ N/mm² $< [f]$,满足要求。

2. 单侧模板支架验算

(1)侧压力计算

混凝土作用于模板的侧压力,根据测定,随混凝土的浇筑高度而增加,当浇筑高度达到某一临界值时,侧压力就不再增加,此时的侧压力即为新浇筑混凝土的最大侧压力。侧压力达到最大值的浇筑高度称为混凝土的有效压头。通过理论和实践,可按下式计算并取其最小值:

$$F = 0.22\gamma_c t_0 \beta_1 \beta_2 v^{\frac{1}{2}} \quad (3.7\text{-}2)$$

$$F = \gamma_c H \quad (3.7\text{-}3)$$

式中　F——新浇筑混凝土对模板的最大侧压力(kN/m^2);

　　　γ_c——混凝土的重力密度(kN/m^3),取 25 kN/m^3;

　　　t_0——新浇混凝土的初凝时间(h),可按实测确定。当缺乏试验资料时,可采用 $t=200/(T+15)$ 计算,当 $T=20$ ℃ 时,$t=200/(20+15)=5.71$;

　　　T——混凝土的温度(℃),取 20 ℃;

　　　v——混凝土的浇灌速度(m/h),取 2 m/h;

　　　H——混凝土侧压力计算位置处至新浇混凝土顶面的总高度(m),取 6.44 m;

　　　β_1——外加剂影响修正系数,掺外加剂时取 1.0;

　　　β_2——混凝土坍落度影响系数,当坍落度小于 30 mm 时,取 0.85;50~90 mm 时,取 1;110~150 mm 时,取 1.15。

将具体数值代入式(3.7-2)、式(3.7-3)得

$F = 0.22\gamma_c t_0 \beta_1 \beta_2 v^{\frac{1}{2}} = 0.22 \times 25 \times 5.71 \times 1.0 \times 1.15 \times 2^{1/2}$
$= 51.07 \ kN/m^2$

$F = \gamma_c H = 25 \times 6.44 = 161 \ kN/m^2$

取二者中的较小值,$F=51.07 \ kN/m^2$ 作为模板侧压力的标准值,并考虑倾倒混凝土产生的水平载荷标准值 4 kN/m^2,分别取荷载分项系数 1.2 和 1.4,则作用于模板的总荷载设计值为(折减系数为 0.85):

$q = 51.07 \times 1.2 \times 0.85 + 4 \times 1.4 = 57.69 \ kN/m^2$

单侧支架主要承受混凝土侧压力(图 3.7-13),取混凝土最大浇筑高度为 6.3 m,侧压力取为 $F=57.69 \ kN/m^2$,有效压头高度 $h=2.3$ m。

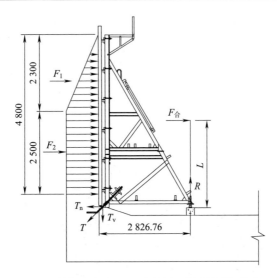

图 3.7-13 单侧支架主要承受混凝土侧压力图(单位:mm)

(2)支架受力验算

单侧支架按间距 800 mm 布置。分析支架受力情况:按 $q=57.69×0.8=46.15$ kN/m 计算。

杆件编号如图 3.7-14 所示。对单侧支架进行受力分析,结果见表 3.7-6,验算其中受压杆的稳定性,结果见表 3.7-7。

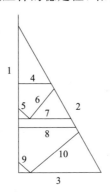

图 3.7-14 杆件编号图

表 3.7-6　杆件计算结果

杆件	轴内力(kN)	剪力(kN)	弯矩(kN·m)
1	137.56	39.21	7.51
2	−162.29	72.78	9.79
3	188.83	5.60	1.90
4	−57.51	0	0
5	−69.11	0	0
6	67.09	0	0
7	−151.6	0	0
8	−42.04	0	0
9	−66.33	0	0
10	80.76	0	0

表 3.7-7　受压杆的稳定性验算

杆件	轴内力(kN)	截面面积(mm^2)	长细比 λ	稳定系数	应力(N/mm^2)
1	137.56	2 549.6	26.7	0.938	57.52
2	−162.29	2 549.6	35	0.952	66.87
4	−57.51	1 274.8	48.15	0.921	48.98
5	−69.11	1 274.8	21.6	0.958	56.59
7	−151.6	2 549.6	32.2	0.879	67.64
8	−42.04	2 549.6	44.5	0.928	37.00
9	−66.33	1 274.8	92.5	0.695	74.87

由表 3.7-7 可知,压杆稳定性均满足要求,稳定系数按 3 号钢 b 类截面查表。

杆件强度验算如下:

杆件 1、2、3、7、8 最大剪应力 $\tau=72\,780/2\,549.6=28.54\ \text{N/mm}^2$;

杆件 4、5、6、9、10 最大剪应力 $\tau=0\ \text{N/mm}^2$;

各杆件剪应力均小于强度设计值 $f=125\ \text{N/mm}^2$,故满足要求。

杆件 2、3、7、8 受弯最大应力 $\sigma = M/W = 9\ 790\ 000/79\ 400 = 123.3\ \text{N/mm}^2$；

杆件 4、5、6、9、10 受弯最大应力 $\sigma = M/W = 0\ \text{N/mm}^2$；

各杆件应力均小于强度设计值 $f = 215\ \text{N/mm}^2$，故满足要求。

杆件 7、8：

$[(\tau/125)^2 + (\sigma/215)^2]^{1/2} = 0.617 < 1$

杆件 5、6、9、10：

$[(\tau/125)^2 + (\sigma/215)^2]^{1/2} = 0 < 1$

所有的杆件均满足 $[(\tau/125)^2 + (\sigma/215)^2]^{1/2} < 1$，符合要求。

经计算所得，最大变形点为最顶点，变形量 2 mm，满足要求。

3.7.5 混凝土工程施工

车站主体结构均采用商品混凝土，由商品混凝土供应商直接运送到工地浇筑点，采用汽车泵或地泵浇筑，插入式振捣器捣固。

1. 施工工艺

(1)商品混凝土的验收

①凡是到浇筑地点的每辆混凝土运输车必须有配料单、混凝土使用部位以及性能的相关资料。

②商品混凝土到达施工现场后，由监理工程师、试验工程师、质检工程师进行联合检查，确认合格后方能进入浇筑工作面。

③对运到现场的每一车商品混凝土都要对数量、坍落度、和易性、出机时间、运输时间及混凝土温度等进行检查，若不能满足要求，不能用于结构中。

④夏季温度较高或运距较远时应采取加冰搅拌，控制混凝土温度，浇筑混凝土时，入模温度不得大于 30 ℃；冬季施工加盖麻袋，进行混凝土的保温养护，保证到现场的商品混凝土质量满足要求。

(2)混凝土的浇筑

①混凝土浇筑前准备工作

混凝土浇筑前，应对模板、支架、钢筋和预埋件进行检查，符合要求后方能浇筑。同时,应清除模板内的垃圾、泥土和钢筋上的油污等杂物;对模板的缝隙和孔洞予以堵严;根据需要浇筑混凝土部位,计算出准确的混凝土需要方量。

②混凝土的浇筑高度

混凝土自高处倾落的自由倾浇高度,即从料斗、溜槽、串筒等卸料口倾落入模板的高度,不应超过 2 m。

③混凝土浇筑的间歇时间

混凝土浇筑应连续进行,如确因特殊原因导致两层混凝土间的间歇灌注时间超过规定时间,其间歇层则应按施工缝处理。

④混凝土分层与振捣

a. 底板混凝土浇筑

混凝土浇筑前应提前准备好振捣器具,组织好劳动力,提前制定好浇筑路线,保证混凝土浇筑连续有序进行。垫层浇筑时,采用平板振捣器振捣找平。

底板采用分层自然流淌连续浇筑法,从一头浇筑严格控制浇筑间隙,间隙时间不大于 1.5 h。应分层浇筑,浇筑速度不宜过快。

底板的振捣均采用高频振捣器。高频振捣器振捣间距不应超过作用半径的 1.25 倍,振动棒插点间距一般为 400 mm 左右,采取快插慢拔方式振捣到表面无气泡为止,注意振捣密实,不要漏振、欠振。振捣器插入下层混凝土内深度应不小于 50 mm。振捣混凝土以充分返浆为准,不得缺振、漏振,但也不得过振。

b. 侧墙混凝土浇筑

因墙的高度超过了混凝土 2 m 的自落高度,为此在高度 2 m 以下部分浇筑混凝土时,采用软式串筒进行混凝土灌注,2 m 以内采用自落灌注。墙体按一步浇筑 500 mm,分层灌注至预定标高。

浇筑墙体混凝土时应经常观察模板、钢筋、预埋孔洞、预埋件和插筋等有无移动、变形或堵塞情况,发现问题应立即处理并应在已浇筑的混凝土凝结前修整完好。浇筑墙体混凝土应连续进行,间隔时间不宜超过 2 h。

预留洞口处浇筑:混凝土浇筑时,使洞口两侧混凝土高度大体一致。振捣时,振捣棒应距洞边 300 mm 以上,最好从两侧同时振捣,以防止洞口变形。大洞口下部模板应开口并补充振捣。

振捣:振捣棒移动间距一般应小于 500 mm,洞口两侧构造柱、内外墙交接点要振捣密实,每一振点的延续时间,以表面呈现浮浆和不再沉落为度(为使上下层混凝土接合成整体,振捣器宜入下层混凝土 50 mm)。

在振捣过程中,振捣棒要躲开各种预埋钢筋和预埋件,以防受振位移,要随时观察模板的稳固情况,如有变化,马上停止振捣及时修复,以防造成后患。

混凝土浇筑到预定标高后,用小灰勺将表面浮浆清除,再用新混凝土填满振实。

按标高找平,墙柱高于梁底 10 mm 且小于二次浇筑梁板的底筋保护层,确保拆模后阴阳角通顺。

按标高找平,用木抹子搓毛两次,且把钢筋根部清理干净。

c. 顶(中)板、站台板、轨顶风道底板及楼梯板混凝土浇筑

混凝土浇筑前进行清仓处理,将仓内各种杂物、纸屑、铁丝、土石块清理干净,积水抽干。混凝土浇筑前对模板进行润湿处理,防止混凝土与模板相接基面出现气孔。

混凝土浇筑分层、分条带浇筑,每层的浇筑层厚度在 500 mm 以内,混凝土浇筑带每条宽度 2 m 左右,每条混凝土接茬时间不超过 40 min。梁板的浇筑顺序为先梁后板,在诱导缝端模止水带处分两层浇筑,先浇筑止水带以下部分混凝土,填满捣实后将止水带理顺找平,防止其出现窝气空鼓现象,然后浇筑止水带以上部分。

混凝土表面的压光处理:按照拉线下返的尺寸用 4 m 刮杠整体刮平,再用木抹子搓平,二次搓平需待第一次搓平后 2 h 进行。顶板表面成活后先用木抹子抹平,待混凝土终凝后,再用铁抹子抹平压光。人工抹面成活时在顶板混凝土上铺木板,人踩在木板上工作,其他人员不在混凝土面上走动,以防止踩出脚印。在搓平过程中,必须

把墙柱的钢筋根部同时搓平。

d. 轨顶风道侧墙、站台板侧墙浇筑

因墙的高度未超过混凝土 2 m 的自落高度，故采用自落灌注。墙体按一步浇筑 500 mm，分层灌注至预定标高。

浇筑墙体混凝土时应经常观察模板、钢筋、预埋孔洞、预埋件和插筋等有无移动、变形或堵塞情况，发现问题应立即处理并应在已浇筑的混凝土凝结前修整完好。浇筑墙体混凝土应连续进行，间隔时间不宜超过 2 h。

预留洞口处浇筑：混凝土浇筑时，使洞口两侧混凝土高度大体一致。振捣时，振捣棒应距洞边 300 mm 以上，最好从两侧同时振捣，以防止洞口变形。大洞口下部模板应开口并补充振捣。

振捣：振捣棒移动间距一般应小于 500 mm，洞口两侧构造柱、内外墙交接点要振捣密实，每一振点的延续时间，以表面呈现浮浆和不再沉落为度（为使上下层混凝土接合成整体，振捣器宜入下层混凝土 50 mm）。

在振捣过程中，振捣棒要躲开各种预埋钢筋和预埋件，以防受振位移，要随时观察模板的稳固情况，如有变化，马上停止振捣及时修复，以防造成后患。

⑤针对结构混凝土大部分为抗渗混凝土，采取的防裂抗渗措施

a. 混凝土采用"一个坡度，薄层浇筑，循序推进，一次到顶"的浇筑方法来缩小混凝土暴露面，以及加大浇筑强度以缩短浇筑时间等措施防止产生浇筑冷缝，提高结构混凝土的防裂抗渗能力。

b. 若一次浇筑混凝土量达 500 m³，拟组织两套浇筑设备及两个作业班组同时浇筑，可以保障连续地不间断施工，并同时控制混凝土入模温度。

c. 施工缝处理

（a）防水混凝土施工缝处采用二次捣固工艺施工，即对浇筑后的混凝土在振动界限以前给予二次振捣，能够排除混凝土因泌水在粗骨料、水平钢筋下部生成的水分和空隙，提高混凝土和钢筋的握裹

力,防止因混凝土沉落而出现的裂缝;同时又减小内部裂缝,增加混凝土密实度,从而提高抗裂及抗渗性。

(b)墙体竖向施工缝用 50 mm 厚模板封挡混凝土。当墙模拆除后,剔出浮灰,清理干净,保证混凝土接槎质量。

(c)墙体顶部水平施工缝处的混凝土浇筑时,高出顶面高程 4 cm。当墙模拆除后,剔出浮灰,清理干净,保证混凝土接槎质量。

(d)施工缝完成以下几项内容后方可继续浇筑:清除浮浆、剔凿露出石子、用水冲洗干净、湿润后清除明水、松动砂石和软弱混凝土层已经清除、已浇筑混凝土强度≥1.2 MPa(通过同条件试块来确定)。

d. 为了避免顶板混凝土凝固初期产生收缩裂缝,在顶板上缘保护层设置防裂钢丝网,并在混凝土浇筑后终凝前进行"提浆、压实、抹光"工艺,能够保证结构外防水层黏结牢固。

(3)混凝土的养护

①编制混凝土养生作业指导书,并报监理批准后严格执行。

②混凝土浇筑完后,应在 12 h 内加以覆盖浇水。尤其地下工程防水外墙,要保证不少于 14 d 的喷淋养护;底板混凝土采用蓄水养护;其余结构混凝土养护时间不少于 7 d。

③养护用水的质量与拌制混凝土相同。每天浇水的次数,以能保持混凝土表面经常处于湿润状态为宜。

(4)混凝土的拆模

①侧模在能保证混凝土表面及棱角不受损坏时方可拆除。

②拆模顺序一般应后支的先拆,先支的后拆;先拆除非承重部分,后拆除承重部分。重大、复杂的模板拆除应有拆模方案。

③为了严格掌握拆模时间,中板、顶板混凝土施工时,多做一组混凝土抗压强度试件,根据试件的早期强度来进一步确定拆模的具体时间。

④拆模时,操作人员站在安全处,以免发生安全事故。待该段模板全部拆除后,方准将模板、木方、支撑等运出堆放,拆下的模板等配

件,严禁抛扔,要有人接应传递,按指定地点堆放,并做到及时清理、维修和涂刷脱模剂,以备待用。

⑤拆模后,考虑上部浇筑混凝土的压力较大,下部结构的支架不能拆除。顶板强度达到100%才可拆模。拆模后柱子混凝土质量如图3.7-15所示。

图3.7-15 拆模后柱子混凝土质量

(5)成品保护

对具有明显棱角的已浇筑结构(底板中板上返梁、中柱等)应用50×50角钢或酚醛板包边处理。

2. 技术要点

(1)选用低水化热或中水化热的水泥品种配制混凝土,如矿渣硅酸盐水泥、火山灰质硅酸盐水泥、粉煤灰水泥等。

(2)充分利用混凝土的后期强度,减少每立方米混凝土中水泥用量。

(3)尽量选用粒径较大、级配良好的粗骨料,采用双掺技术,掺加粉煤灰或相应减水剂,改善和易性,降低水灰比,以达到减少水泥用量、降低水化热的目的。

(4)降低混凝土入模温度:尽量避免炎热天气浇筑混凝土,同时在混凝土入模时,加强和改善入模时的通风,加速模内热量散发,采取有效的降温措施。

(5)加强测温和温度监测,实行信息化控制,随时控制混凝土内的温度变化,内外温差控制在25 ℃以内,基面温差和基底面温差控制在20 ℃以内,及时调整保温和养护措施,使温度梯度不致过大,以有效控制有害裂缝的出现。

(6)合理安排施工程序,控制混凝土浇筑过程中均匀上升,避免混凝土拌和物堆积过大高差。

(7)采取二次投料法、二次振捣法,浇筑后及时排除表面积水,加强早期养护。

3.7.6 基坑回填

待车站主体结构顶板防水层及其保护层施工完毕后,方可进行基坑回填施工。基坑回填采用推土机推土,人工配合压路机分层对称夯实。

(1)填料要求

顶板防水保护层强度达到设计要求后,开始回填基坑。结构顶板以上不少于0.5 m厚度内必须采用黏土回填,碎石类土、砂土可用作表层下至顶板0.5 m以上的填料。

(2)各类回填土使用前,应分别取样测定其最大干容重和最佳含水率,并做压实试验,确定填料含水率控制范围、铺土厚度和压实度等参数。回填应在最佳含水率时填筑。若采用不同类土回填时,应按土类有规则地分层铺填,将透水性大的土层放在透水性较小的土层之下,不得混填。边坡不得用透水性较小的土封闭,以利水分排出和基土稳定,防止填方内形成水囊和产生滑坡。

(3)基坑回填应分层摊平夯实;回填标高不一致时,应从低处逐层填压；基坑分段回填接茬处，已填土坡应挖台阶，其宽度不小于 1 m，高度不大于 0.5 m。

（4）回填时机械或机具不得碰撞防水保护层，结构顶板 50 cm 范围内以及管线周围应采用人工使用小型机具夯填，夯与夯之间重叠不小于 1/3 夯底宽度。

（5）对有密实度要求的填方，回填碾压过程中应取样检查回填密实度。

（6）回填土摊铺、压实方法

清理回填基面，回填前基面不得有木块、淤泥、编织袋等杂物，并经隐检合格后方可回填。

基坑采用分层回填、水平夯实，顶板以上 50 cm 厚度分两次回填，每层 25 cm；结构两侧应水平、对称同时回填；基坑分段回填接茬处，已填土坡应挖台阶，其宽度不小于 1 m，高度不大于 40 cm。

填土入坑及摊铺：顶板填土采用反铲或装载机进行摊铺，人工辅助平整，回填土松铺系数按 1.2 进行控制。

压实：基坑大面第一层回填土采用 8 t 压路机静压，第二层采用静压或弱振，以满足压实度要求，碾压搭接宽度不小于 20 cm，基坑两侧和上翻梁侧面采用小型电夯机进行夯实。本着"薄填、慢行、先轻后重"的原则反复碾压。现场回填如图 3.7-16 所示。

基坑回填压实时，机械或机具不能碰撞主体结构及防水保护层。

回填料施工时，应在最佳含水率下填筑，如含水率偏大应翻松晾干或加干土拌匀；如含水率偏低，应洒水湿润，并增加压实遍数或使用重型压实机械碾压。

回填至顶板防水保护层以上 50 cm 即可，回填施工结束后，及时联系监理验收。验收合格后，由业主联系有关单位进行管线回迁及剩余基坑回填施工。

（7）雨季施工

本车站主体结构基坑回填正值雨季末，在回填施工时，要集中资源、分段施工，取、运、填、平、压各工序应连续作业。雨前应及时压完

图 3.7-16 现场回填

已填土层并将表面压平后,做成一定坡势。雨中不得填筑非透水性土质,完工部分采取保护措施。雨天施工时,防雨采用彩条布全工作面覆盖,周边用黏土封堵,并开挖集水沟、坑,采用截、排、挡的方法,最大限度减少雨水对回填工作的影响,待雨停后适当晾晒后再继续施工。

(8)检测及质量标准

每夯实一层即用环刀法进行压实度检测,若压实度不符合规范要求的,要再次翻松、压实直至合格。每层填土按基坑长度 50 m 或基坑面积为 1 000 m^2 时取一组,每组取样点不得小于 6 个,其中中部和两边各取 2 个。根据设计图纸要求,顶板以上 50 cm 回填土压实度要求不小于 93%。

(9)施工技术措施

①分段施工时交接处填成阶梯形,上下错缝距离不小于 1 m。

②在车行道范围内,符合相应道路路基密实度标准。

③试验报告要注明土料种类、试验土质量密度、日期、试验结论

及试验人员签字。未达到设计要求部位必须有处理方法和复验结果。

④施工时注意保护顶板防水保护层、管道及预埋件,严禁碰撞。

⑤回填完的地方及时进行原地貌恢复,防止地面长时间暴露引起扬尘而污染环境。

3.8 本章小结

(1)十陵站采用明挖顺筑法及局部盖挖法施工,附属结构通道及出入口均采用明挖法施工。为合理地利用人力物力、科学地安排施工顺序、减少工序之间干扰、确保工程施工顺利快速进行,车站土方及主体结构按照自西向东顺序分层、分段施工,在完成主体结构顶板混凝土浇筑后,先施工顶板防水层,然后再进行管线恢复、土方回填、路面恢复等工序。十陵站分五阶段施工,一、二、三阶段主要施工车站围护结构和主体结构,四、五阶段主要施工附属结构及交通恢复、管线、绿化恢复等工作。

(2)土方开挖以机械开挖为主,基底标高以上 30 cm 范围土方采用人工开挖。土方开挖自西向东进行,分段、分层开挖,共分 4 层开挖,划分 21 段,每段开挖长度约 18~25 m。另外,对于边角等部位常规挖机无法开挖到达之处以及超过开挖作业范围的土方开挖,配备小型挖机进入基坑内辅助长臂挖机进行作业。基坑开挖深度超过常规挖机及小型挖机接力作业范围时,土方利用汽车吊弃渣斗吊运至基坑处,再由自卸汽车外运。

(3)土方开挖完成部分后,进行车站主体结构施工,自西向东进行。主体结构分段施工,依次接地网、施工底板、负二层侧墙、中板、负一层侧墙及顶板,形成平行流水作业,下层超前。采用木模、钢管支架作受力支撑,机械捣实。各段防水层随结构施工逐段进行,防水工程由防水专业队施工。车站土方回填在顶板以上 100 cm 范围内采用人工分层摊铺、小型机械夯实,顶板 50 cm 以外范围采用机械摊铺和压实,并确保压实度达到设计标准,保证路基的压实度及路面日后运营质量。

(4)通过合理的施工分段可以控制结构混凝土的收缩裂缝,提高结构抗渗性能。施工分段首先要满足结构分段施工技术要求和构造要求,同时结合施工能力和合同工期要求确定。同时,考虑设置变形缝需要增加的分界,出入口每段主体结构分成两次浇筑混凝土(底板、侧墙和顶板),风亭主体结构分两次浇筑混凝土(底板、侧墙及顶板),十陵站主体结构自西向东共划分 14 个施工段,节段长 18~25 m。

(5)车站主体施工顺序:安排场地围挡,施工围护桩→自上而下开挖基坑,同时施作临时支撑,直至基坑底部→接地网、垫层、底板防水层、底板施工→底板施工完成后,先拆除第二道钢支撑,施工柱、负二层侧墙→柱、负二层侧墙施工完成后,待侧墙混凝土强度达到设计强度的 80% 以上,进行钢支撑的换撑作业→进行中板施工,完成后拆除第二道支撑→最后负一层侧墙、柱及顶板的施工。

第4章 车站施工监测分析

4.1 监测内容、频率、预警及消警

4.1.1 监测内容及频率

监测内容及频率见表4.1-1。

表4.1-1 监测内容及频率

监测项目	监测对象	仪器	测点布置	监测频率	报警值
桩顶水平位移	围护桩上端部	全站仪	不宜大于20 m,基坑各边监测点不应少于3个	2次/d	累计值:0.1%h 或30 mm的较小值;变化速率:2~3 mm/d
桩顶竖向位移	围护桩上端部	水准仪	不宜大于20 m,基坑各边监测点不应少于3个	2次/d	累计值:0.1%h 或20 mm的较小值;变化速率:2~3 mm/d
桩体侧向变形	围护结构内	测斜管、测斜仪	水平间距20~30 m,每边监测点数目不应少于1个,埋在桩体的测斜管深度不宜小于围护桩深度	2次/d	累计值:30 mm;变化速率:2~3 mm/d
支撑轴力	支撑端部或两点间1/3部位	轴力计	每层不应少于3个,各层支撑在竖向上宜保持一致	2次/d	3~5轴1 400 kN,其余1 750 kN
地下水位	基坑中央和周边拐角处	水位管、水位计	沿基坑周围布置,纵向间距20~50 m	2次/d	累计值:1 000 mm;变化速率:500 mm/d
基坑周边地面沉降	支护结构外侧的土层表面或柔性地面	水准仪	沿基坑边垂直方向在基坑深度的1~2倍范围内设置多个测点,每个监测面的测点不宜少于5个	2次/d	累计值:35 mm;变化速率:2~3 mm/d

4.1.2 预警及消警

1. 危险情况

（1）监测数据达到报警值的累计值。

（2）基坑支护结构支护体系出现较大的变形、压曲、断裂、松弛或拔出迹象。

（3）建筑物出现新裂缝或者所监测的裂缝有发展趋势或者建筑物不均匀沉降达到规范或图纸要求的数值。

（4）监测单位应根据实际情况及时对监测数据和巡视结果进行综合分析，当发现有其他危险情况时，也应及时报警。

2. 突发安全隐患

（1）监测数据突然达到红色预警值，并有继续发展下去的趋势。

（2）基坑支护结构或者周边土体的位移值突然明显增大或基坑出现流砂、管涌、隆起、陷落或者较严重的渗漏等现象。

（3）周边建筑的结构部分或者周边出现较严重的突发裂缝或危害结构的变形裂缝。

（4）周边管线监测数据突然明显增长或者出现裂缝、泄漏等。

（5）建筑物监测数据突然明显增长或者出现裂缝。

（6）根据当地工程师经验判断，出现其他必须进行突发安全隐患报警的情况。

3. 预警后监测频率

发生黄色预警的部位监测频率不少于每天 4 次，发生橙色报警的部位不少于每天 6 次。

4. 消警条件

主体或附属结构完成底板施工并达到设计强度后，地表及建（构）筑物变形趋于稳定，且预警处置完成后地表累计沉降每周不超过 2 mm，建（构）筑物累计沉降每周不超过 1 mm，可结合现场实际及周边的环境，综合考虑消警条件后消警。

第4章 车站施工监测分析

5. 消警流程

监控量测预警后,根据专题会议要求及时进行处置。未消警期间采取相应的安全处理措施。待监测数据稳定并符合消警条件后,由施工单位提出消警申请(需中水成投指挥部签署消警意见),报监理、第三方监测及建设等单位审核,经参建各方同意后消警。警情等级划分与报送见表4.1-2。

表 4.1-2 警情等级划分与报送

警情等级	警情描述	报送范围	报送时限	报送方式
黄色预警	1. 实测累计值达到控制指标的2/3且变化速率达到控制值。 2. 监测工程师判断伴有"危险情况"出现,将进行黄色报警	1. 施工(含投融资总承包方安全质量主管负责人)、监理。 2. 工程主管部门正副部长、经理、业主代表。 3. 安全质量部正副部长、安全管理人员、监测主管人员	2 h 内	短信
橙色报警	1. 变化速率连续二次达到控制值,第二次进行橙色报警。 2. 实测累计值达到控制值且变化速率达到控制值2/3进行橙色报警。 3. 监测工程师判断伴有"危险情况"出现,将进行橙色报警	1. 施工(含投融资总承包方安全质量主管负责人)、监理、设计。 2. 建设分公司副总。 3. 工程主管部门正副部长、经理、业主代表。 4. 安全质量部正副部长、安全管理人员、监测主管人员	1 h 内	电话+短信
红色报警	实测累计值和变化速率均达到控制值,监测工程师判断伴有"危险情况"出现	1. 施工(含投融资总承包方安全质量主管负责人)、监理、设计。 2. 建设分公司总经理、副总。 3. 工程主管部门正副部长、经理、业主代表。 4. 安全质量部正副部长、安全管理人员、监测主管人员	即刻	电话+短信

续上表

警情等级	警情描述	报送范围	报送时限	报送方式
紧急报警	未经过前三个预警中任意一次预警而伴有"危险情况"或"突发安全隐患"或者在没有监控点的部位出现"突发安全隐患"	1. 施工(含投融资总承包方安全质量主管负责人)、监理、设计。 2. 建设公司总经理、副总。 3. 工程主管部门正副部长、经理、业主代表。 4. 安全质量部正副部长、安全管理人员、监测主管人员	即刻	电话＋短信

4.2 监测项目及方法

4.2.1 监测基准网的建立

在进行监测项目前,首先要建立监测控制网,以便及时准确地反映监测项目、测点的变化情况。平面位移监测控制网应布设独立的控制网,控制点埋设在变形区外,如有条件监测网宜采用强制对中观测架。垂直位移监测控制网宜采用工程高程控制网,在变形观测中应定期对高程控制网点进行检测。高程控制网按照两个层次布网,即由高程基准点、工作基点组成沉降监测控制网,由工作基点与所联测的监测点组成扩展网。采用成都市高程系统,严格按照《城市轨道交通测量规范》一等水准测量要求采用环形闭合路线或复合闭合路线进行观测,联测其余工作基点构成水准网,进行平差。平面监控量测控制网采用徕卡 TS15A 全站仪,高程基准网测量采用徕卡 DNA03 数字水准仪观测。

1. 监测基准网布设的基本要求

监测基准网布设的基本要求见表 4.2-1～表 4.2-3。

表 4.2-1 水平位移监测控制网技术要求

等级	平均边长(m)	角度中误差(″)	边长中误差(mm)	最弱边长相对中误差
I	200	±1.0	±1.0	1∶200 000

续上表

等级	平均边长(m)	角度中误差(″)	边长中误差(mm)	最弱边边长相对中误差
Ⅱ	300	±1.5	±3.0	1∶100 000
Ⅲ	500	±2.5	±10.0	1∶50 000

表 4.2-2　沉降监测的等级划分、精度要求和适用范围

监测等级	观测点的高程中误差(mm)	相邻观测点高差中误差(mm)	适　用　范　围
Ⅰ	±0.3	±0.1	线路沿线变形特别敏感的超高层、高耸建筑、精密工程设施、重要古建筑物、重要桥梁、管线和运营中的结构、轨道、道床等
Ⅱ	±0.5	±0.3	线路沿线变形比较敏感的高层建筑物、桥梁、管线;地铁施工中的支(围)护结构、地铁运营中的结构、线路变形、隧道拱顶下沉等
Ⅲ	±1.0	±0.5	线路沿线的一般多层建筑物、桥梁、地表、管线、基坑隆起等

注:观测点的高程中误差是指相对于最近的沉降控制点的误差而言。

表 4.2-3　沉降监测控制网的主要技术要求

等级	相邻基准点高差中误差(mm)	每站高差中误差(mm)	往返较差、附合或环线闭合差(mm)	检测已测高差之较差(mm)
Ⅰ	±0.3	±0.07	±0.15$\sqrt{n}$	0.2$\sqrt{n}$
Ⅱ	±0.5	±0.15	±0.30$\sqrt{n}$	0.4$\sqrt{n}$
Ⅲ	±1.0	±0.30	±0.60$\sqrt{n}$	0.8$\sqrt{n}$

注:n 为测站数。

2. 基准点埋设的基本要求

基准控制点可采用人工开挖或钻机钻孔的方式埋设,选择基础稳定的区域,保证点位地基坚实稳定,同时要通视条件好、利于标石长期保存与观测。使用时应做稳定性检查或检验。基准点的制作埋设示意如图 4.2-1 所示。

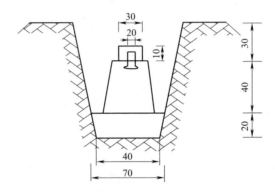

图 4.2-1 基准点埋设示意图(单位:cm)

3. 平面基准网测量

平面基准网按照精密导线测量的要求测设,精度指标详见表 4.2-4 和表 4.2-5。

表 4.2-4 方向观测法水平角观测技术要求

全站仪等级	半测回归零差	一测回内 2C 较差	同一方向值各测回较差
Ⅰ级	6″	9″	6″
Ⅱ级	8″	13″	9″

注:全站仪分级标准执行《城市轨道交通工程测量规范》(GB/T 50308—2017)附录 A 中表 A.4.1 的规定。

表 4.2-5 导线测量水平角观测技术要求

平均边长(m)	闭合环或附合导线总长度(km)	每边测距中误差(mm)	测距相对中误差	测角中误差(″)	水平角测回数 Ⅱ级全站仪	水平角测回数 Ⅲ级全站仪	边长测回数 Ⅰ、Ⅱ级全站仪	方位角闭合差(″)	全长相对闭合差	相邻点的相对点位中误差(mm)
350	3~4	±4	1/60 000	±2.5	4	6	往返测距各 2 个测回	$±5\sqrt{n}$	1/35 000	±8

注:1. n 为导线的角度个数,一般不超过 12 个。

第4章 车站施工监测分析

2. 附合导线路线超过 4 km 时，宜布设结点网，结点间角度个数不超过 8 个。
3. 全站仪分级标准执行《城市轨道交通工程测量规范》(GB/T 50308—2017)附录 A 中表 A.4.1 的规定。

在进行导线测量时应满足下列要求：

(1)相邻导线点视线离障碍物的距离不应小于 1.5 m，避免折光的影响。

(2)方向数超过 3 个时宜采用方向观测法，方向数不多于 3 个时可不归零。

4. 高程基准网测量

根据设计院提供的高程控制网点，按照《城市轨道交通工程测量规范》一等水准测量规范，采用附合水准路线观测，将已知高程引测至各基准点；并采用武汉大学编制的科傻平差软件进行严密平差，求得各基准点的高程。

(1)测量实施按往返观测进行，观测顺序为：

往测：奇数站为后—前—前—后，偶数站为前—后—后—前。

返测：奇数站为前—后—后—前，偶数站为后—前—前—后。

(2)测量时应保证前后视距尽可能相等，每站前后视距差不大于 1.0 m，累计视距差不大于 3.0 m。

(3)用尺撑支撑水准尺，确保水准尺水泡居中，处于竖直稳定状态。

(4)尺垫要安放在坚实的地方并踩实，防止尺垫下沉。

(5)施测过程中主要技术要求见表 4.2-6～表 4.2-10。

表 4.2-6 水准观测主要技术要求

等 级	水准尺类型	水准仪等级	视距 (m)	前后视距差 (m)	测段的前后视距累积差 (m)	视线高度 (m)	
城市一等水准	铟瓦	DS1	≤50	≤1.0	≤3.0	≥0.5(视线长度 20 m 以上)	≥0.3(视线长度 20 m 以下)

注：采用 DS1 级仪器时，应读记至 0.05 mm 或 0.1 mm。

表 4.2-7 水准测量精度要求(单位:mm)

等级	每千米水准测量偶然中误差 M_Δ	每千米水准测量全中误差 M_W	限差		
			往返测不符值	附合路线或环线闭合差	左右路线高差不符值
城市一等水准	≤1.0	≤2.0	$4\sqrt{L}$	$4\sqrt{L}$	—

注:L 为往返测程、附合或环线的水准路线长度(km)。

表 4.2-8 水准测量的技术标准

等级	每千米高差全中误差(mm)	附合水准路线平均长度(km)	水准仪等级	水准尺	观测次数		往返较差或闭合差(mm)
					与已知点联测	附合或环线	
城市一等水准	2	35~45	DS1	铟瓦	往返	往返	$4\sqrt{L}$

注:L 为往返测段、附合或环线的水准路线长度(km)。

表 4.2-9 水准测量的测站观测限差(单位:mm)

等级	上下丝读数平均值与中丝读数之差	基、辅分划读数之差	基、辅分划所测高差之差	检测间歇点高差之差
一等	3.0	0.4	0.6	1.0
二等	3.0	0.5	0.7	2.0

表 4.2-10 水准测量计算取位

等级	往(返)测距离总和(km)	往(返)测距离中数(km)	各测站高差(mm)	闭合差(mm)	往(返)测高差中数(mm)	高程(mm)
城市一等水准	0.01	0.1	0.01	0.01	0.1	0.1

(6)水准测量注意事项:

①城市一等水准测量采用单路线往返观测。同一区段的往返观测应使用同一类型的仪器和转点尺承沿同一路线进行。

②同一测段的往测或返测应分别在上午和下午进行。在日间气温变化不大和观测条件较好时,若干里程的往返测可同在上午或下

第4章 车站施工监测分析

午进行,但这种里程的总站数不应超过该测段总站数的30%。

③观测前30 min,应将仪器置于露天阴影下,使仪器与外界气温趋于一致;设站时,应用测伞遮蔽阳光;迁站时,应罩以仪器罩。使用数字水准仪前,还应进行预热,预热不少于20次单次测量。

④对气泡式水准仪,观测前应测出倾斜螺旋的置平零点,并做标记,随着气温变化,应随时调整零点位置。对于自动安平水准仪的水准器,观测前应严格置平。

⑤在连续各测站上安置水准仪的三脚架时,应使其中两脚与水准路线的方向平行,第三脚轮换置于路线方向的左侧与右侧。

⑥除路线转弯处外,每一测站上仪器和前后视标尺的三个位置应接近一条直线。

⑦不应为了增加标尺读数而把尺桩(台)安置在壕坑中。

⑧每一测段的往测与返测,其测站数均应为偶数,由往测转向返测时,两支标尺应互换位置,并应重新整置仪器。

⑨转动仪器的倾斜螺旋和测微鼓时,其最后旋转方向均应为旋进。

⑩对于数字水准仪,应避免望远镜直接对着太阳;尽量避免视线被遮挡,遮挡不要超过标尺在望远镜中截长的20%;仪器只能在厂方规定的温度范围内工作;确信振动源造成的振动消失后,才能启动测量键。

(7)水准测量的内业计算应符合下列规定:

①计算取位:高差中数取至0.1 mm;最后成果亦取至0.1 mm。

②水准测量每千米的高差中数偶然中误差(M_Δ)按下式计算:

$$M_\Delta = \pm \sqrt{\frac{1}{4n}\left[\frac{\Delta\Delta}{L}\right]} \qquad (4.2\text{-}1)$$

式中 M_Δ——每千米高差中误差偶然中误差(mm);

L——水准测量的测段长度(km);

Δ——水准路线测段往返高差不符值(mm);

n——往返测水准路线的测段数。

③数据处理应进行严密平差计算,得出平差后的计算值,作为水准基点的观测值。水准基点需要定期复测检核,以防水准基点发生变化,造成沉降数据失真、分析不准确。

4.2.2 桩顶水平与竖向位移监测

1. 测点布置

测点按监测设计图纸布点位置在基坑四周围护结构桩(墙)顶上设置,布置原则为:

(1)测点应尽量布设在基坑圈梁、围护桩或地下连续墙的顶部等较为固定的地方,以设置方便、不易损坏,且能真实反映基坑围护结构桩(墙)顶部的侧向变形。

(2)围护墙顶部的水平和竖向位移监测点应沿基坑周边布置,周边中部、阳角处应布置监测点。监测点水平和竖向间距不宜大于20 m,每边监测点数目不宜少于3个。水平和竖向位移监测点宜为共用点,监测点宜设置在围护墙顶或基坑坡顶上。

2. 测点埋设与保护

测点埋设如图4.2-2所示。在冠顶梁上埋设工作基点和观测点时,首先布设工作基点墩,在建立好工作基点墩后,将仪器架设在工作基点墩上,沿基坑边布设观测点墩,观测点位置选择在通视处,避开基坑边的安全栏杆,离基坑约300 mm。

在基坑支护结构的冠顶梁上布设监测点,监测点采用埋设观测墩的形式。埋设监测点观测墩的方法如下:首先在基坑边的支护桩冠顶梁上钻孔,在孔内埋设 $\phi25$ 钢筋,并浇筑混凝土观测墩,墩顶部埋设强制对中螺栓。为减少测量误差,缩短设备的架设、对中时间,提高工作效率,根据所采用的反射棱镜,定制对中螺栓代替普通的棱镜对中螺栓,该螺栓的顶部加工成半球形,直接把棱镜套在该螺栓上,并可自由转动棱镜。安装该螺栓时必须保证垂直。

当现场通视条件不好时,可以在围檩浇筑混凝土前,在测斜孔旁植入钢筋或则用钻机在设计位置处钻孔后直接埋入钢筋,并在顶部刻上"+"标记作为监测点,采用三脚架对中测试。

基准点及工作基点应按规范要求埋设于基坑影响范围之外,稳定可靠的地方,必要时须加盖保护,并设立明显标志;变形监测点的布设须避开基坑护栏、防水矮墙等存在观测障碍的地方,并设立明显标志。

图 4.2-2　测点埋设图

3. 观测方法

根据基坑施工现场实际条件,水平位移监测采用极坐标法,基坑开挖前一周建立各监测点的初始坐标(不少于 3 次,取平均值作为初始坐标),基坑开挖后每次测量值与初始值对比得到该点的位移量,并根据该点在基坑的方位角,确定位移量在垂直于地墙方向的分量。竖向位移监测利用水平位移测点,用水准仪观测。

4. 数据处理

通过极坐标法测量获得的是位移点在地铁施工测量坐标系下的坐标值,水平位移量是指位移点沿垂直于基坑边线方向的偏移值,在实际工程中,基坑形状往往为非直角多边形,经常出现曲线形基坑。

如图 4.2-3 所示,xOy 为施工测量坐标系,$x'Oy'$ 为与 xOy 共原点的参考坐标系。$P(x,y)$ 和 $P(x',y')$ 为位移点 P 分别在施工测量坐标系和参考坐标系中的坐标。α 为位移点 P 沿基坑边垂线(且指向基坑内)在施工测量坐标系中的坐标方位角,参考坐标系 x' 轴

系施工测量坐标系 x 轴旋转 α 角且与 P 点基坑边的垂线平行。由坐标系旋转变换原理可得

$$\begin{bmatrix} x' \\ y' \end{bmatrix} = \begin{bmatrix} \cos\alpha & \sin\alpha \\ -\sin\alpha & \cos\alpha \end{bmatrix} \begin{bmatrix} x \\ y \end{bmatrix} \quad (4.2\text{-}2)$$

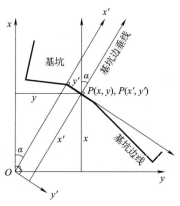

图 4.2-3 水平位移量计算示意图

以施工测量坐标系中按极坐标法施测的位移点坐标 $P(x,y)$、位移点基坑边的垂线坐标方位角(可在基坑电子平面图上获得),可由式(4.2-2)求得位移点在参考坐标系中的坐标值。设本次监测为第 $i+1$ 次,前次监测为第 i 次($i \geqslant 1$),则位移量计算式可表达为

$$\begin{bmatrix} x'_{i+1} \\ y'_{i+1} \end{bmatrix} - \begin{bmatrix} x'_i \\ y'_i \end{bmatrix} = \begin{bmatrix} \cos\alpha & \sin\alpha \\ -\sin\alpha & \cos\alpha \end{bmatrix} \begin{bmatrix} x_{i+1} \\ y_{i+1} \end{bmatrix} - \begin{bmatrix} \cos\alpha & \sin\alpha \\ -\sin\alpha & \cos\alpha \end{bmatrix} \begin{bmatrix} x_i \\ y_i \end{bmatrix}$$

$$\begin{bmatrix} \Delta x'_{i+1} \\ \Delta y'_{i+1} \end{bmatrix} = \begin{bmatrix} \cos\alpha & \sin\alpha \\ -\sin\alpha & \cos\alpha \end{bmatrix} \begin{bmatrix} x_{i+1} - x_i \\ y_{i+1} - y_i \end{bmatrix} \quad (4.2\text{-}3)$$

通过全站仪测量角度、距离计算监测点在施工坐标系统下的坐标值(图 4.2-4),数据处理公式如下:

$$x_i = x_A + D\cos(\alpha_{AB} + \beta)$$
$$y_i = y_A + D\sin(\alpha_{AB} + \beta) \quad (4.2\text{-}4)$$

式中 D——所测的平距;

x_i, y_i——待测点的坐标;

x_A, y_A——工作基点坐标；

α_{AB}——起始边 AB 的坐标方位角；

β——所测方向与起始方向间的左角值。

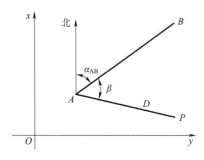

图 4.2-4 全站仪测量坐标值示意图

结合以上各式解算的 Δx_{i+1} 即为 P 点在基坑边的垂线方向的位移量，该差值也符合位移往基坑内数值为正、往基坑外数值为负的理解习惯，此法需在初次监测时解求每个位移点基坑边垂线（指向基坑内）的坐标方位角。

4.2.3 桩体侧向变形监测

1. 测点布设与埋设

本基坑共布设 20 个桩体变形监测点，位于基坑各边。测斜管采用绑扎埋设。埋设时将测斜管在现场组装后绑扎固定在桩（墙）钢筋笼上，管底与钢筋笼底部持平，顶部到达地面，管身每 1.0 m 绑扎 1 次。测斜管随钢筋笼一起下到孔槽中，并将其浇筑在混凝土中。

2. 监测原理

测斜仪采用 CX-30A 型测斜仪。测斜仪由测斜管、电缆、测斜探头、数字式测读仪四部分组成。在监测前，测斜仪必须经过严格的标定。基坑开挖时，测斜管随着支护结构的变形而产生变形，通过测斜仪逐段测量倾斜角度，就可得到测斜管每段的水平位移增量。测斜监测原理如图 4.2-5 所示。

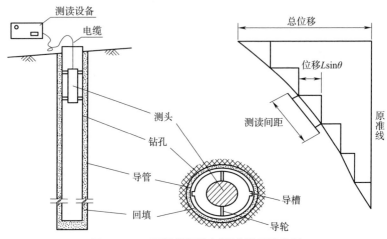

图 4.2-5 测斜管埋设与测试原理示意图

计算公式为

$$X_i = \sum_{j=0}^{i} L\sin\alpha_j = C\sum_{j=0}^{i}(A_j - B_j) \qquad (4.2\text{-}5)$$

$$\Delta X_i = X_i - X_{i0} \qquad (4.2\text{-}6)$$

式中　ΔX_i——i 深度的累计位移（计算结果精确至 0.1 mm）；

　　　X_i——i 深度的本次坐标（mm）；

　　　X_{i0}——i 深度的初始坐标（mm）；

　　　A_j——仪器在 0°方向上的读数；

　　　B_j——仪器在 180°方向上的读数；

　　　C——探头标定系数；

　　　L——探头长度（mm）；

　　　α_j——倾角。

3. 监测方法

实测时，首先把电缆接入测斜仪，并将电缆与测头连接，用扳手将压紧螺帽拧紧以防止渗水。将测头导轮高轮向基坑内侧方向卡置在预埋测斜管的导向滑槽内，将它轻轻划至管底起测位置处，该位置以高出管底 0.5 m 为宜，以防止掉入异物时测头无法到达起测位置而影响数据的连续观测。利用测读仪记录完第一个读数后,将电缆提起 0.5 m 至下一处深度标记,待测读仪读数稳定后采集数据,再将电缆提起 0.5 m,直至管顶为止。拿出测头后水平转动 180°,使高轮指向基坑外侧重新放入测斜管中,重复上述观测步骤在相同的深度标记上采集数据,完成全部观测工作。测头导轮的正反向读数可以抵消或减少传感器的偏值所造成的误差,以保证测量精度。测量结束后,通过软件将数据导出,处理后得到该孔的变形曲线,即可反映出该点所在地连墙位置区域的变形趋势。

4.2.4 支撑轴力监测

1. 测点布设

根据设计图纸要求,本基坑主基坑第一道、第二道、第三道支撑均为钢支撑。

通过轴力计量测,轴力计量程宜为设计值的 2 倍。钢支撑轴力监测采用钢弦式频率轴力计,安装时将轴力计安装架与钢支撑端头对中并牢固焊接,在拟安装轴力计位置的桩(墙)体钢板上焊接一块 250 mm×250 mm×25 mm 的加强垫板,以防止钢支撑受力后轴力计陷入钢板。待焊接件冷却后将轴力计推入安装架并用螺丝固定好。安装过程要注意轴力计和钢支撑轴线在同一直线上,各接触面平整,确保钢支撑受力状态通过轴力计(反力计)正常传递到围护结构上。轴力计安装示意如图 4.2-6 所示。

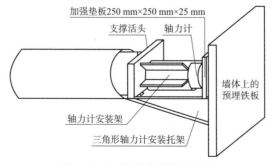

图 4.2-6 轴力计安装示意图

2. 监测原理

基坑开挖时,安装于钢支撑的轴力计受力产生的变形将引起仪器内钢弦变形,使钢弦发生应力变化,从而改变钢弦的振动频率。

钢支撑轴力的计算公式如下:

$$N = k(f_i - f_0) \qquad (4.2\text{-}7)$$

式中　N——钢支撑轴力(kN);

　　　k——轴力计标定系数(kN/Hz);

　　　f_i——轴力计监测频率(Hz);

　　　f_0——轴力计安装后的初始频率(Hz)。

3. 监测方法

测量时,采用 AIIwin16410100 型直读式数据采集仪,将电缆接头与数据采集仪对接,直接采读轴力计应力值。仪器频率精度 0.5%±0.3 Hz,测量范围 750～3 500 Hz。支撑轴力量测必须考虑尽量减少温度对应力的影响,同一批支撑尽量在相同的时间或温度下量测,每次读数均应记录温度测量结果。量测后根据率定曲线,将轴力计的频率读数直接换算成轴力值,对于钢筋应力计还可根据理论模型再换算成支撑轴力。然后分别绘制不同位置、不同时间的轴力曲线,制作形象的轴力分布图。

4.2.5　地下水位监测

1. 埋设方法

根据设计图纸要求,结合现场实际情况,地下水位监测点计划布置 10 个,测点位于基坑周边。用地质钻机钻 $\phi 89$ 孔,水位孔的深度在最低设计水位以下(坑外孔深同基底,坑内孔深达到基坑底以下 3～5 m),成孔完成后,放入裹有滤网的水位管,管壁与孔壁之间用净砂回填至离地表 0.5 m 处,再用黏土进行封填,以防地表水流入。水位管用 $\phi 55$ 的 PVC 塑料管作滤管,管底加盖密封,防止泥砂进入管中,下部留出 0.5～1.0 m 深的沉淀管(不打孔),用来沉积滤水段带入的少量泥砂,中部管壁周围钻 4 列 $\phi 6$ 孔,纵向间距 10～15 cm,相邻两列的孔交错排列,呈梅花形布置。管壁外包扎上滤网或土工布作为过滤层,上部再留出 0.5~1.0 m 作为管口段(不打孔),以保证封口质量。地下水位监测点埋设示意如图 4.2-7 所示。

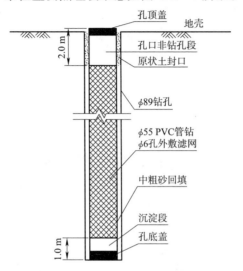

图 4.2-7 地下水位监测点埋设示意图

2. 监测原理

地下水位监测使用常州金土木仪器厂生产的 SJ-92 型钢尺水位计。水位变化量的测读由两大部分组成:一是地下材料埋入部分,由水位管和底盖组成;二是地面接收仪器——钢尺水位计,由测头、钢尺电缆、接收系统和绕线盘等组成。

测头部分:由不锈钢制成,内部安装了水阻接触点,当触点接触到水面时,便会接通接收系统,当触点离开水面时,就会关闭接收系统。

钢尺电缆部分:由钢尺和导线采用塑胶工艺合二为一,既防止了钢尺锈蚀,又简化了操作过程,测读更加方便、准确。

接收系统部分:由音响器、指示灯和峰值指示器组成。音响器发出连续不断的蜂鸣声响,指示灯点亮,峰值指示为电压表指示。

3. 监测方法

通过水准测量测出孔口标高 H,将探头沿孔套管缓慢放下,当测头接触水面时,蜂鸣器响,读取测尺读数 a_i,则地下水位标高 $HW_i = H - a_i$。两次观测地下水位标高之差 $\Delta HW = HW_i - HW_{i-1}$,即水位的升降数值。根据管口高程可得坑内外地下水位高程。

4.2.6 地面沉降监测

1. 测点布置与埋设

在基坑施工时,为了解施工对围护外侧土体的扰动影响,沿垂直于基坑主体方向布设地表沉降点。基坑区每边埋设一个断面,每个断面 2~3 个测点。地表沉降观测点采用钻孔方法进行埋设,即所设测点应穿透道路表面结构硬壳层,将其埋设在路基层中(通常深度不小于 60 cm),同时应设置保护套管及盖板,如图 4.2-8 所示。

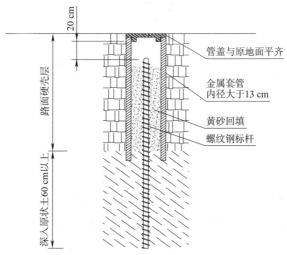

图 4.2-8 地表沉降观测点埋设示意图

2. 观测方法

(1) 测量仪器

地表沉降(或隆起)监测使用徕卡 DNA03 数字电子水准仪。

(2)观测方法

地表沉降(或隆起)监测采用三等水准测量。

(3)测量精度

地表沉降(或隆起)监测最小精度要求达到 0.1 mm。

4.3 监测数据分析

4.3.1 地表沉降

十陵站地表沉降设计预警值为 35 mm。十陵站东端头地层较差,钢支撑架设滞后且因施工正值成都雨季,而该部位土层膨胀性较大,回填土沉降导致土体与地表硬化层脱开,硬化层开裂。地表沉降最大值发生在测点 DB18-1,其累计值为－34.3 mm,接近预警值,但小于预警值,满足地表沉降控制要求。针对该测点地表沉降情况及时通知施工单位务必按照设计要求及时架设钢支撑,保证基坑安全。地表裂缝应及时封闭,防止雨季雨水渗入而形成安全隐患。

地表沉降监测累积值见表 4.3-1,地表沉降曲线如图 4.3-1 所示,回归分析如图 4.3-2 所示。由地表沉降监测数据可以看出:地表沉降趋势与施工开挖深度呈正比,基坑开挖后,外侧土压力作用在围护结构上,导致围护结构向基坑内侧变形,基坑周边地表土随之沉降;在钢支撑及时架设后,该段地表沉降基本稳定,基底封闭后,地表沉降呈收敛趋势,基坑顶板施工后,基本收敛。

表 4.3-1 地表沉降监测累积值

测点编号	累计值(mm)	测点编号	累计值(mm)	测点编号	累计值(mm)	测点编号	累计值(mm)
DB1-1	－17.80	DB6-2	－1.40	DB11-1	－32.80	DB16-2	－19.00
DB2-1	－7.40	DB6-3	－0.50	DB12-1	－11.10	DB16-3	－17.50
DB2-2	－3.00	DB7-1	－9.50	DB12-2	－10.40	DB17-1	－26.70
DB2-3	－1.20	DB8-1	－3.80	DB12-3	－8.30	DB18-1	－34.30

续上表

测点编号	累计值(mm)	测点编号	累计值(mm)	测点编号	累计值(mm)	测点编号	累计值(mm)
DB3-1	−6.90	DB8-2	−2.60	DB13-1	−32.60	DB18-2	−26.60
DB4-1	0.90	DB8-3	1.20	DB14-1	−20.80	DB18-3	−5.00
DB4-2	−3.30	DB9-1	−22.80	DB14-2	−20.50	DB19-1	−17.20
DB4-3	1.20	DB10-1	−21.10	DB14-3	−15.40	DB19-2	−14.30
DB5-1	−10.00	DB10-2	−3.70	DB15-1	−24.80	DB20-1	−23.20
DB6-1	3.30	DB10-3	−7.80	DB16-1	−20.80	DB20-2	−17.00

注:"+"表示隆起,"−"表示下沉。

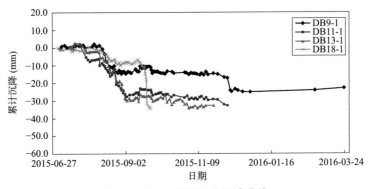

图 4.3-1 十陵站地表沉降曲线

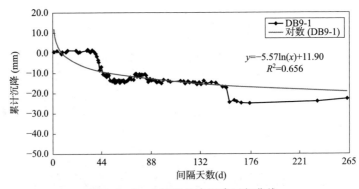

图 4.3-2 十陵站地表沉降回归曲线

4.3.2 桩顶竖向位移和水平位移

1. 桩顶竖向位移

车站基坑围护结构桩顶竖向位移监测结果见表4.3-2,其变形曲线和回归分析曲线分别如图4.3-3和图4.3-4所示。桩顶竖向位移监测最大值为-7.60 mm,小于预警值20 mm,满足要求。监测数据均在预警范围内,监测数据正常。

表4.3-2 桩顶竖向位移监测结果

测点编号	累计值(mm)	测点编号	累计值(mm)	测点编号	累计值(mm)	测点编号	累计值(mm)
ZQC01	-4.50	ZQC06	-1.30	ZQC11	-3.80	ZQC16	-6.80
ZQC02	-3.60	ZQC07	-2.70	ZQC12	-2.20	ZQC17	-7.60
ZQC03	-3.70	ZQC08	-1.50	ZQC13	-0.10	ZQC18	-4.90
ZQC04	-1.70	ZQC09	-0.30	ZQC14	-5.20	ZQC19	-5.60
ZQC05	-4.00	ZQC10	-1.20	ZQC15	-7.60	ZQC20	-4.10

注:"+"表示测点隆起,"-"表示测点下沉。

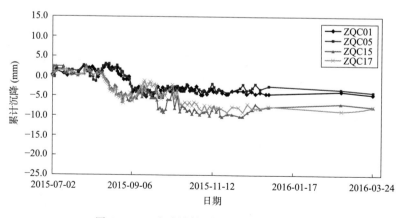

图4.3-3 十陵站桩顶竖向位移变形曲线

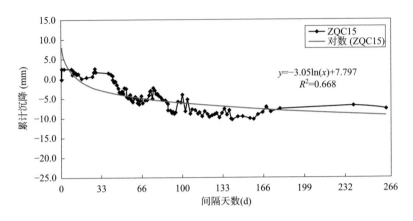

图 4.3-4 十陵站桩顶竖向位移回归曲线

2. 桩顶水平位移

车站基坑围护结构桩顶水平位移监测结果见表 4.3-3,其变形曲线和回归分析曲线分别如图 4.3-5 和图 4.3-6 所示。桩顶水平位移监测最大值为 17.42 mm,小于预警值 20 mm,满足要求。监测数据均在预警范围内,监测数据正常。

表 4.3-3 桩顶水平位移监测结果

测点编号	累计值(mm)	测点编号	累计值(mm)	测点编号	累计值(mm)	测点编号	累计值(mm)
ZQS01	3.82	ZQS06	17.42	ZQS11	15.28	ZQS16	0.04
ZQS02	17.61	ZQS07	7.18	ZQS12	12.87	ZQS17	8.99
ZQS03	9.23	ZQS08	2.98	ZQS13	10.91	ZQS18	-3.71
ZQS04	16.80	ZQS09	3.96	ZQS14	13.84	ZQS19	-1.40
ZQS05	7.72	ZQS10	1.20	ZQS15	1.31	ZQS20	1.97

注:"+"表示测点向基坑内侧偏移,"-"表示测点向基坑外侧偏移。

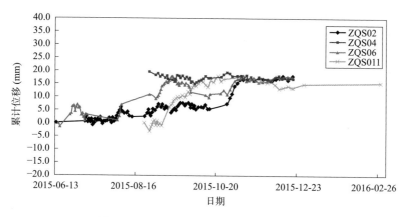

图 4.3-5　十陵站桩顶水平位移变形曲线

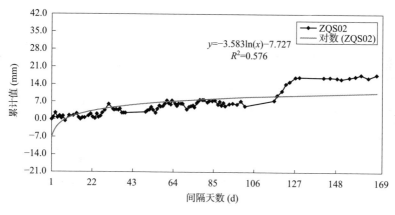

图 4.3-6　十陵站桩顶水平位移回归曲线

4.3.3　桩体侧向变形

基坑开挖时,降雨较多且钢支撑架设进度滞后是造成桩体侧向变形变大的主要原因。在施工过程中,监测发现 CX11、CX13 和 CX15 测斜累计值变化大,通过及时架设钢支撑,变化速率明显下降,变形得到了有效控制。桩体侧向变形监测结果见表 4.3-4,其变形曲线如图 4.3-7 所示。

表 4.3-4 桩体侧向变形监测结果

测点 深度 (m)	CX01	CX03	CX04	CX05	CX06	CX07	CX08	CX09	CX11	CX13	CX15	CX18
1.0	1.18	13.58	17.08	8.81	5.55	5.27	4.08	2.85	5.44	9.13	−16.69	0.86
1.5	0.97	12.30	15.39	9.03	4.53	9.45	5.98	−0.02	4.39	10.62	−13.37	1.56
2.0	3.08	11.06	15.28	9.86	4.71	9.65	7.26	−0.20	4.97	12.09	−13.94	0.48
2.5	4.14	11.02	13.99	10.24	4.88	10.83	6.98	0.61	6.27	13.81	−8.90	1.55
3.0	4.57	9.46	12.57	9.65	2.16	10.14	6.45	2.61	8.44	15.74	−9.62	2.73
3.5	5.66	9.08	11.74	9.61	2.65	10.47	6.22	2.70	9.70	16.85	−11.49	3.89
4.0	6.33	8.04	10.83	10.01	2.55	10.97	6.21	3.29	10.97	18.55	−7.24	5.70
4.5	5.63	8.57	10.23	9.77	1.99	9.85	6.16	3.57	12.67	19.56	−3.94	6.76
5.0	6.60	8.84	9.46	11.28	0.83	9.07	6.16	3.96	12.80	20.10	−0.48	9.38
5.5	6.81	7.59	9.09	10.16	−0.60	8.81	7.37	3.54	13.36	20.60	2.85	11.09
6.0	7.66	7.39	8.41	10.11	−0.48	8.84	6.52	4.02	14.47	22.31	6.80	12.65
6.5	7.76	7.33	8.28	10.28	−1.32	8.74	5.77	5.13	15.96	23.21	10.70	12.48
7.0	8.84	6.86	7.09	10.58	−1.61	8.54	5.66	5.70	20.28	23.28	13.75	12.74
7.5	9.25	5.84	7.11	10.37	−2.02	8.65	5.25	6.16	21.37	25.17	16.06	12.31
8.0	9.01	5.09	6.34	9.50	−2.53	7.88	4.81	7.68	21.64	24.72	18.93	12.44
8.5	8.69	6.14	6.52	9.91	−2.26	7.87	4.27	8.04	21.73	24.59	19.68	13.21
9.0	8.77	5.94	6.43	8.09	−2.42	7.50	5.19	8.16	21.86	24.27	20.80	13.28
9.5	9.21	4.50	6.80	7.73	−3.59	7.07	4.55	7.19	22.01	23.89	21.61	11.68
10.0	8.02	3.40	6.73	6.69	−5.19	6.21	3.15	7.54	21.41	24.80	21.54	11.11
10.5	7.95	3.26	6.15	7.23	−3.68	5.79	2.86	7.16	21.21	25.25	21.11	10.03
11.0	7.79	2.84	6.15	7.25	−4.67	4.67	2.52	7.09	19.94	24.59	19.82	8.22
11.5	6.73	1.70	4.95	7.17	−4.54	4.58	1.79	6.63	18.57	24.25	17.87	7.92

续上表

测点深度(m)	CX01	CX03	CX04	CX05	CX06	CX07	CX08	CX09	CX11	CX13	CX15	CX18
12.0	6.21	—	4.70	6.08	−5.10	4.09	1.93	5.91	17.33	24.50	15.04	6.19
12.5	5.59	—	4.14	5.57	−5.46	2.56	2.74	5.11	16.35	24.74	11.03	5.07
13.0	5.28	—	3.75	5.20	−3.96	2.09	1.09	4.88	14.44	24.00	8.27	3.01
13.5	5.28	—	3.30	3.94	−4.49	1.46	0.76	3.95	12.44	22.98	4.65	—
14.0	5.16	—	3.07	3.75	−3.28	1.37	0.63	3.31	10.93	20.68	2.05	—
14.5	5.05	—	1.55	2.32	−3.75	0.88	1.02	2.39	9.30	17.59	—	—
15.0	4.28	—	2.52	0.45	−3.95	0.51	0.88	2.11	8.36	16.05	—	—
15.5	3.38	—	2.16	−0.06	−4.37	−0.19	0.75	1.51	6.50	13.48	—	—
16.0	2.19	—	1.27	−1.10	−2.87	−1.00	−0.07	0.74	4.92	10.63	—	—
16.5	1.63	—	0.65	−1.26	−2.35	−1.07	—	0.24	3.60	8.94	—	—
17.0	0.98	—	—	−2.25	−1.77	−0.31	—	—	1.38	5.87	—	—
17.5	1.04	—	—	−1.58	−1.49	0.19	—	—	−0.06	3.85	—	—
18.0	1.23	—	—	−1.05	−0.11	−0.28	—	—	0.83	2.63	—	—
18.5	0.31	—	—	−1.11	—	—	—	—	0.24	1.85	—	—
19.0	0.21	—	—	—	—	—	—	—	—	1.09	—	—
19.5	0.06	—	—	—	—	—	—	—	—	0.58	—	—
20.0	−0.01	—	—	—	—	—	—	—	−0.53	—	—	—
20.5	−0.07	—	—	—	—	—	—	—	—	—	—	—
21.0	0.52	—	—	—	—	—	—	—	—	—	—	—

由变形曲线可以看出：围护桩测斜变形趋势与施工开挖进度呈正比，基坑开挖至钢支撑架设前的1~2d时间内，是围护桩测斜变形的最大时段；随着钢支撑的架设，对应部位围护桩测斜变形基本趋于平缓，底板垫层施工封闭成环时，变形基本收敛；当

主体结构施工钢支撑拆除阶段,围护桩测斜再次产生小幅波动,基坑顶板达到一定强度后,完全收敛;桩体侧向变形监测最大值为 25.25 mm,小于预警值 30 mm,满足要求。监测数据均在预警范围内,监测数据正常。

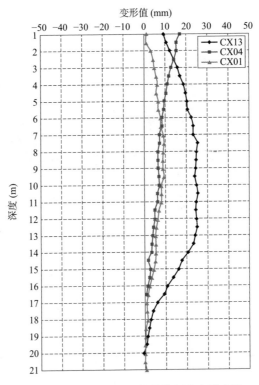

图 4.3-7　十陵站围护桩桩体侧向变形曲线

4.3.4　钢支撑轴力

基坑开挖时,钢支撑应及时架设并按设计要求施加预应力。车站基坑钢支撑轴力监测结果见表 4.3-5,钢支撑轴力变化曲线和回归分析曲线分别如图 4.3-8 和图 4.3-9 所示。

表 4.3-5 钢支撑轴力监测结果

第一层							
测 点	G101	G106	G111	G121	G126	G131	G135
首次轴力（kN）	373.48	152.02	256.18	308.20	185.18	211.56	352.53
最大轴力（kN）	743.11	698.22	604.72	853.54	629.77	1 448.58	450.57
最终轴力（kN）	626.61	627.43	416.43	716.79	546.89	1 448.58	362.10
第二层							
测 点	G202	G212	G232	G242	G252	G262	G270
首次轴力（kN）	147.55	480.35	121.83	397.13	157.09	143.62	167.49
最大轴力（kN）	336.77	716.16	262.10	500.65	363.42	164.87	327.24
最终轴力（kN）	226.91	610.70	262.10	334.24	242.76	164.87	253.89
第三层							
测 点	G302						
首次轴力（kN）	122.49	—	—	—	—	—	—
最大轴力（kN）	264.57	—	—	—	—	—	—
最终轴力（kN）	117.21	—	—	—	—	—	—

注：最终轴力为支撑拆除前最后一次测值；"+"代表受压。

十陵站钢支撑轴力设计预警值 1 750 kN。1~28 轴第一层支撑设计预应力 200 kN，第二、第三层支撑设计预应力 400 kN；28~30 轴第一层支撑设计预应力 300 kN，第二、第三层支撑设计预应力 600 kN。

由变化曲线可以看出：支撑架设后因平衡围护结构桩的外侧土压力，轴力将逐渐上涨；随着开挖至基底，垫层施工封闭成环后基本稳定；在钢支撑拆除阶段，对应位置上一层钢支撑轴力有较大涨幅，然后逐渐稳定至支撑拆除；当底板、中板、顶板达到一定强度时，对应支撑将谨慎拆除,故第一层支撑作用时间最长,而后逐层递减。

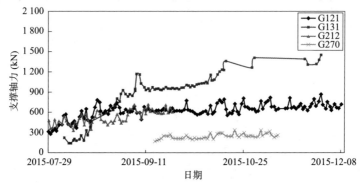

图 4.3-8　十陵站钢支撑轴力变化曲线

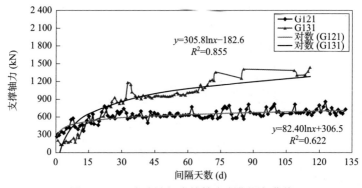

图 4.3-9　十陵站钢支撑轴力变化回归曲线

由回归曲线可以看出,支撑轴力变化曲线上下波动较大,主要原因为基坑大多为露天施工,太阳直射时钢支撑温度很高,受热膨胀后,钢支撑轴力将变大,而阴雨天气则反之。监测的最大轴力为1 448.58 kN,小于钢支撑轴力设计预警值 1 750 kN,满足要求。

4.3.5　地下水位

地下水位监测结果见表 4.3-6,地下水位变化曲线及回归曲线分别如图 4.3-10 和图 4.3-11 所示。监测结果表明,水位变化幅度比较大,最大水位降低-5.33 m,超过规范规定值 1 m,需要采取及时回灌措施,减少水位降低,控制地表沉降。

表 4.3-6　地下水位监测结果

测　　点	SW01	SW02	SW03
初始水位(m)	5.90	5.51	2.10
最终水位(m)	10.45	10.84	3.58
变化值(m)	-4.55	-5.33	-1.48

注:测值为水位管口至水面高差;变化值"+"代表上升,"-"代表下降。

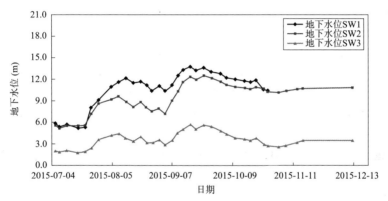

图 4.3-10　十陵站地下水位变化曲线

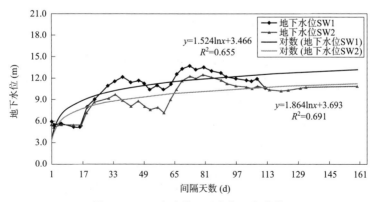

图 4.3-11　十陵站地下水位回归曲线

4.4 本章小结

(1)由地表沉降监测数据可以看出:地表沉降趋势与施工开挖深度呈正比,基坑开挖后,外侧土压力作用在围护结构上,导致围护结构向基坑内侧变形,基坑周边地表土随之沉降;在钢支撑及时架设后,该段地表沉降基本稳定,基底封闭后,地表沉降呈收敛趋势,基坑顶板施工后,基本收敛。地表沉降最大值发生在测点 DB18-1,其累计值为 -34.3 mm,接近但小于预警值 35 mm,满足地表沉降控制要求。

(2)桩顶竖向位移监测最大值为 -7.60 mm,桩顶水平位移监测最大值为 17.42 mm,均小于预警值 20 mm,满足控制要求。

(3)由围护桩测斜变形曲线可以看出:围护桩测斜变形趋势与施工开挖进度呈正比,基坑开挖至钢支撑架设前的 1~2 d 时间内,是围护桩测斜变形的最大时段;随着钢支撑的架设,对应部位围护桩测斜变形基本趋于平缓,底板垫层施工封闭成环时,变形基本收敛;当主体结构施工钢支撑拆除阶段,围护桩测斜再次产生小幅波动,基坑顶板达到一定强度后,完全收敛;桩体侧向变形监测最大值为 25.25 mm,小于预警值 30 mm,满足要求。

(4)由钢支撑轴力变化曲线可以看出:支撑架设后因平衡围护结构桩的外侧土压力,轴力将逐渐上涨;随着开挖至基底,垫层施工封闭成环后基本稳定;在钢支撑拆除阶段,对应位置上一层钢支撑轴力有较大涨幅,然后逐渐稳定至支撑拆除;当底板、中板、顶板达到一定强度时,对应支撑将谨慎拆除,故第一层支撑作用时间最长,而后逐层递减。最大轴力监测值为 1 448.58 kN,小于钢支撑轴力设计预警值 1 750 kN,满足要求。

(5)地下水位变化幅度比较大,最大水位降低 -5.33 m,超过规范规定值 1 m,需要采取及时回灌措施,减少水位降低,控制地表沉降。

第 5 章 高压特长燃气管纵跨地铁车站悬吊保护技术

5.1 高压特长燃气管纵跨地铁车站基坑原位悬吊技术

5.1.1 悬吊主支撑体系

高压特长燃气管纵跨地铁车站基坑原位悬吊主支撑体系的组成如图 5.1-1 所示，包括围护桩、钢筋混凝土横梁、钢桁架支撑梁（主梁为两榀 321 加强型贝雷梁，加固梁为 I20a 工字钢，悬吊梁为双拼槽钢）和附属设施（两侧走道板和米格防护网）。

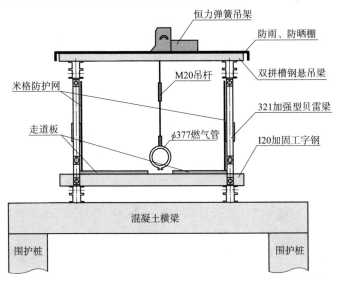

图 5.1-1 高压特长燃气管纵跨地铁车站基坑原位悬吊保护结构组成

1. 围护桩与钢筋混凝土横梁

围护桩采用车站围护结构的 $\phi1200@2$ m 钻孔桩,钢筋混凝土横梁的断面尺寸设计为 0.8 m×1.1 m(宽×高),混凝土等级为 C35,混凝土梁的长度为车站对应位置围护桩的最大距离。除了 6、7 号混凝土横梁需根据地形条件以及与管道的高程关系设计成门架形外(图 5.1-2 和图 5.1-3),其他的横梁皆为直线梁。针对东端燃气管标高与冠梁标高冲突的问题,1~5 号混凝土横梁置于燃气管下方,6、7 号混凝土横梁置于燃气管上方。

2. 钢筋混凝土横梁地锚螺栓

0~8 号混凝土支墩、4~7 号混凝土横梁地锚螺栓将直接与贝雷梁连接,地锚螺栓长度 600 mm,直径 20 mm,双螺栓紧固,如图 5.1-4~图 5.1-6 所示。0 号和 8 号支柱地锚螺栓位置大样如图 5.1-7 和图 5.1-8 所示,M20 地锚螺栓大样如图 5.1-9 所示。

3. 混凝土横梁顶门架

1~3 号横梁顶安装门架,门架立柱为 I25 工字钢,横梁为 I20a 工字钢,1、2 号为双立柱门架,如图 5.1-10 所示,3 号为三立柱门架,如图 5.1-11 所示。立柱间采用 I20 工字钢作剪刀撑加固,门架与混凝土横梁采用 M20 地锚螺栓连接,每个立柱 4 只螺栓。

4. 钢桁架支撑梁

钢桁架支撑梁由主梁、加固梁、悬吊梁以及附属设施组成。主梁为两榀 321 加强型贝雷梁,加固梁为 I20a 工字钢,悬吊梁为双拼槽钢。1、2、3、5、7 跨贝雷梁间距为 2 m,采用[8 双拼槽钢,加固采用 I20a 工字钢,长 2.25 m,间距 6 m;4、6、8 跨贝雷梁间距为 3 m,悬吊梁采用[12 双拼槽钢,加固采用 I20a 工字钢,长 3.25 m,间距 6 m。附属设施包括两侧走道板和米格防护网。

1~3 号门架顶与贝雷梁采用 U 形螺栓固定,4~7 号支撑顶采用 U 字形预埋螺栓与贝雷梁固定,贝雷梁与混凝土横梁或门架型钢间存在间隙,需采用厚度适合的钢板或细石混凝土填塞密实,如图 5.1-12 和图 5.1-13 所示。

第5章 高压特长燃气管纵跨地铁车站悬吊保护技术

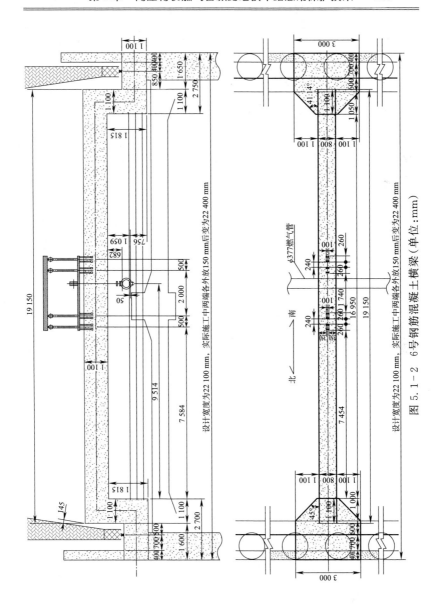

图 5.1-2 6号钢筋混凝土横梁（单位：mm）

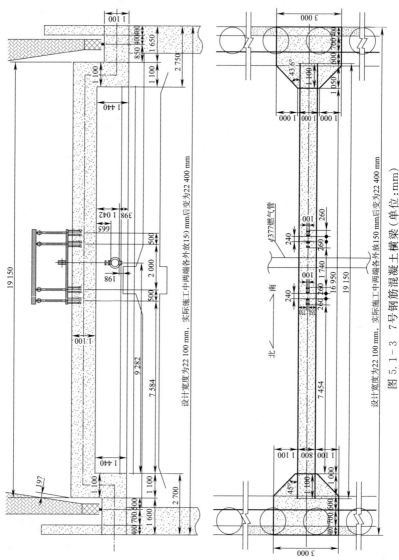

图 5.1-3 7号钢筋混凝土横梁（单位：mm）

第 5 章 高压特长燃气管纵跨地铁车站悬吊保护技术

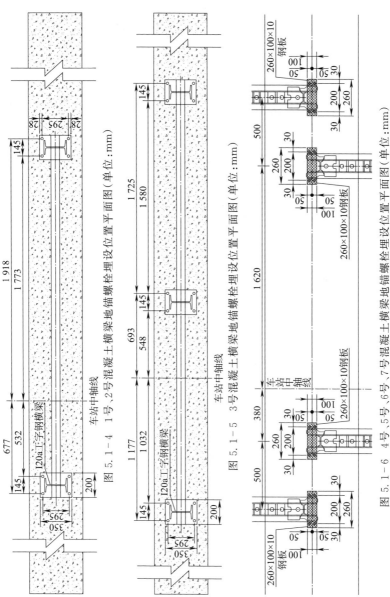

图 5.1-4 1号、2号混凝土横梁地锚螺栓埋设位置平面图（单位：mm）

图 5.1-5 3号混凝土横梁地锚螺栓埋设位置平面图（单位：mm）

图 5.1-6 4号、5号、6号、7号混凝土横梁地锚螺栓埋设位置平面图（单位：mm）

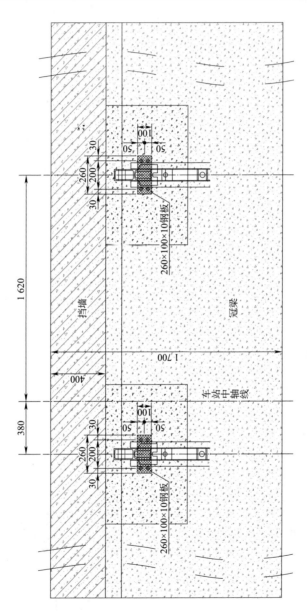

图 5.1-7 0号支柱地锚螺栓位置大样(单位:mm)

第 5 章 高压特长燃气管纵跨地铁车站悬吊保护技术

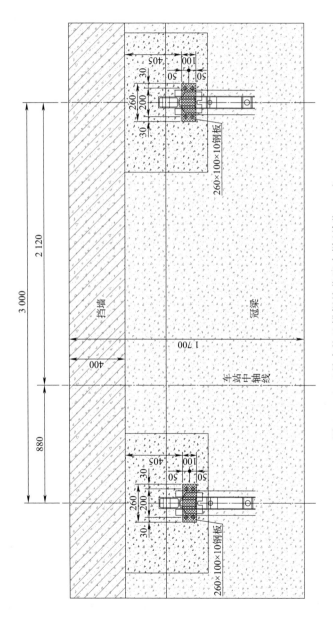

图 5.1-8 8号支柱地锚螺栓位置大样(单位:mm)

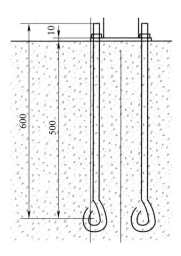

(a) 1~3号混凝土横梁

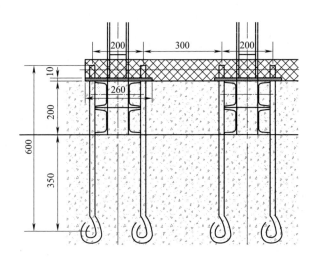

(b) 4~7号混凝土横梁

图 5.1-9　M20 地锚螺栓大样(单位:mm)

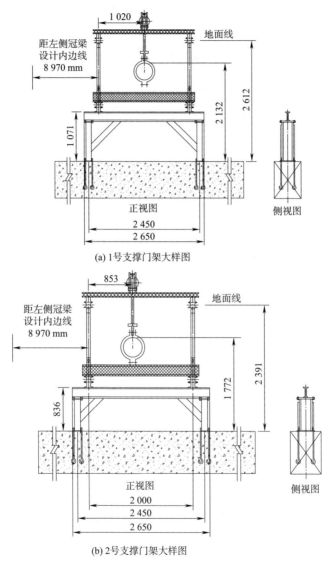

图 5.1-10　1号和2号横梁顶门架(单位:mm)

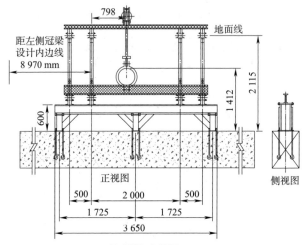

(a) 3号支撑架大样图

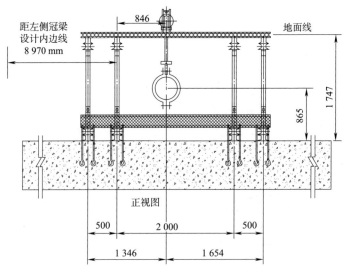

(b) 4、5号支撑架大样图

图 5.1-11　3号、4号和5号横梁顶门架（单位：mm）

第5章 高压特长燃气管纵跨地铁车站悬吊保护技术 · 137 ·

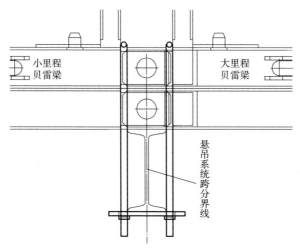

(a) 1、2号门架与贝雷梁固定方式纵断面大样

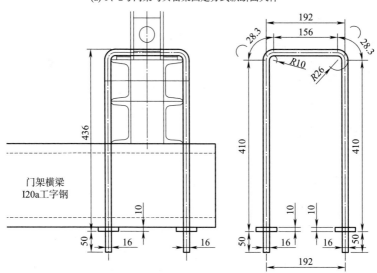

(b) 1、2号门架与贝雷梁固定方式横断面图及U形螺栓大样（4号U形螺栓）

图 5.1-12　1、2号门架与贝雷梁连接构造图

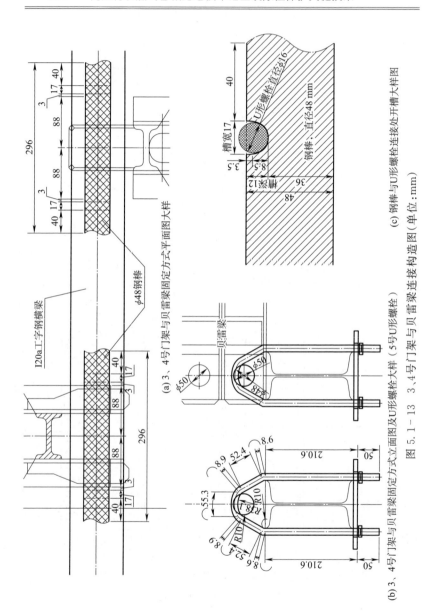

图 5.1-13 3、4号门架与贝雷梁连接构造图(单位:mm)

加固工字钢与贝雷梁连接如图5.1-14所示。悬吊梁与贝雷梁间的连接:从第6跨第3根悬吊梁开始,往东悬吊梁与贝雷梁下弦杆连接,往西则悬吊梁与贝雷梁上弦杆连接,悬吊梁与贝雷梁采用U形螺栓连接。悬吊梁与贝雷梁间的连接如图5.1-15和图5.1-16所示。

附属设施:利用贝雷梁固定工字钢在贝雷梁下弦杆处沿车站纵向在管道两侧各铺设一条能够施工走道板,以方便巡查、监测人员行走;走道板沿贝雷梁方向安装,与加固工字钢、悬吊梁采用铁丝绑扎牢固;在贝雷梁内侧铺设米格网,利用贝雷梁兼作护栏,米格网与贝雷梁采用铁丝绑扎;米格网搭接必须大于2个网孔,走道板必须与槽钢及工字钢采用8号铁丝绑扎牢固。

5.1.2 悬吊体系

为预防夏季施工管线温度应力而引起的管线变形过大,采用M20(间距3 m)吊杆与PHD33-150/15312X-M20型恒力弹簧吊架相连进行悬吊。弹簧吊架与悬吊梁间的连接如图5.1-17所示,悬吊梁与恒力弹簧吊架底钢板连接平面示意如图5.1-18所示,管道与恒力弹簧吊架连接方式如图5.1-19所示,PHD33-150/15312X-M20型恒力弹簧吊架如图5.1-20所示。

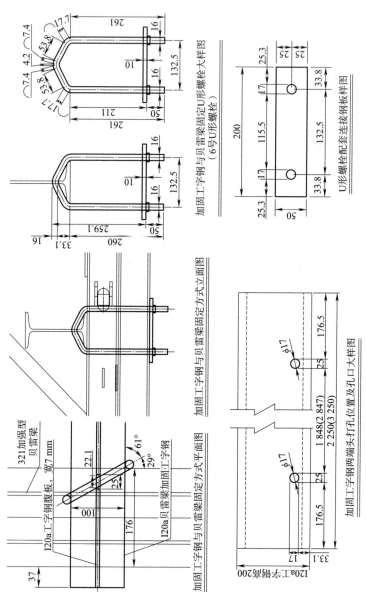

图 5.1-14 加固工字钢与贝雷梁连接构造图（单位：mm）

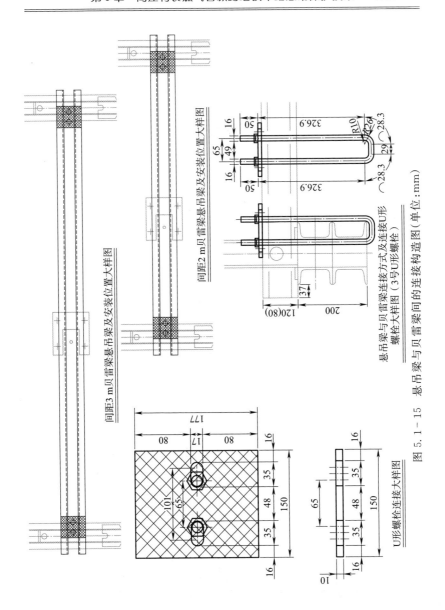

图 5.1-15 悬吊梁与贝雷梁间的连接构造图（单位：mm）

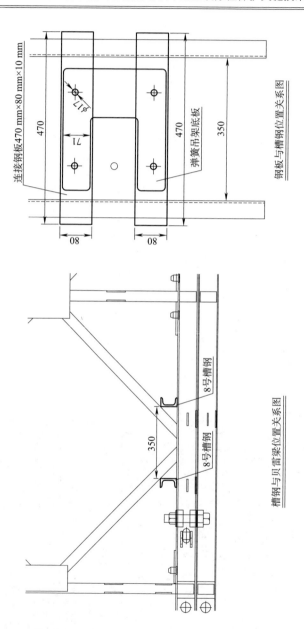

图 5.1-16 贝雷梁与第7跨悬吊梁连接构造图(单位:mm)

第 5 章　高压特长燃气管纵跨地铁车站悬吊保护技术 · 143 ·

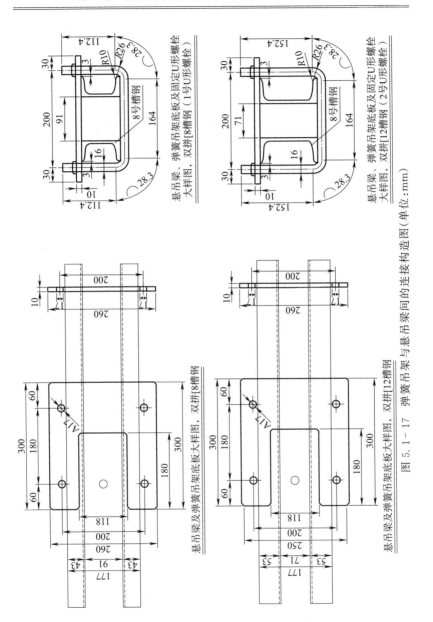

图 5.1-17　弹簧吊架与悬吊梁间的连接构造图（单位：mm）

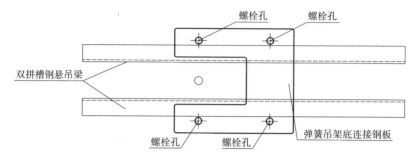

图 5.1-18 悬吊梁与恒力弹簧吊架底钢板连接平面示意图(单位:mm)

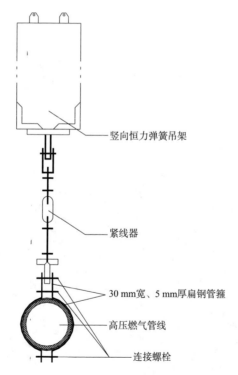

图 5.1-19 管道与恒力弹簧吊架连接方式

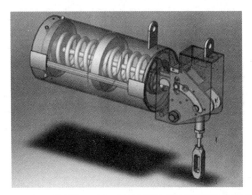

图 5.1-20　PHD33-150/15312X-M20 型恒力弹簧吊架

5.2　高压特长燃气管纵跨地铁车站基坑保护技术

5.2.1　管体外包防护

在管道外侧包裹 5 cm 厚岩棉板,主要起保温、隔热作用;在岩棉板外包裹 1 cm 厚橡胶板,主要起防撞作用;最外圈为 30 mm 厚、5 mm 宽管箍,通过 M20 吊杆与恒力弹簧吊架相连,恒力弹簧吊架安装完成一整跨后将保险栓取出,弹簧吊架开始受力。管体外包防护如图 5.2-1 所示,不同防护功能与相应防护措施关系如图 5.2-2 所示。

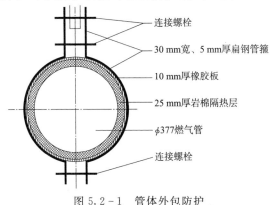

图 5.2-1　管体外包防护

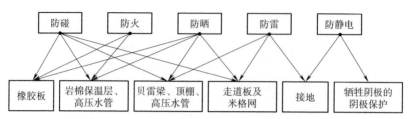

图 5.2-2 不同防护功能与相应防护措施关系图

5.2.2 防雷接地

利用钢筋混凝土横梁门架内的主钢筋、金属贝雷梁及工字钢横梁本体作为接闪器及引下线;接地装置采用自然接地体,利用钢筋混凝土横梁门架内的主钢筋及与其焊接连通的地铁四周围护桩基础内的钢筋网,等电位接地线采用 40×4 热镀锌扁钢,冲击接地电阻 $R\leqslant 10\ \Omega$。防雷接地如图 5.2-3 所示。

图 5.2-3 防雷接地图

5.2.3 牺牲阳极保护装置

牺牲阳极保护装置是利用原电池的原理,防止金属腐蚀,将还原性强的金属作为保护极,与被保护的金属相连构成原电池,还原性强的金属将作为负极发生氧化还原反应而牺牲消耗,被保护的金属作为正极,免于被腐蚀。

保护装置设于车站两端头,由接地装置(图 5.2-4)和钢板与管道粘结两部分组成,两部分之间采用电缆连接(图 5.2-5),阳极采用镁铝合金。

接地部分在道路旁进行,采用水平开槽法施工,阳极埋设深度不小于 1 m,每端头放置 2 枚,间距 3 m。在埋设牺牲阳极时,注意阳极与管道之间不应有金属构筑物。

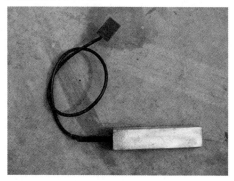

图 5.2-4 接地装置

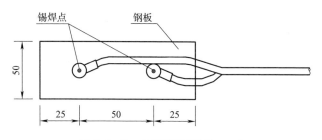

图 5.2-5 电缆连接(单位:mm)

与管道连接部分:牺牲阳极通过电缆与管道连接,采用电缆与钢板焊接后,再与管道粘结。电缆与输气管道的连接及防腐、密封要求如图 5.2-6 所示;钢板与管道粘结及补伤如图 5.2-7 所示;牺牲阳极的阴极保护装置安装平面如图 5.2-8 所示。

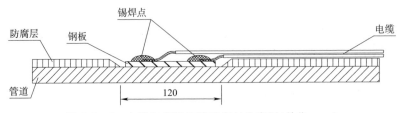

图 5.2-6 电缆与管道连接及密封防腐图(单位:mm)

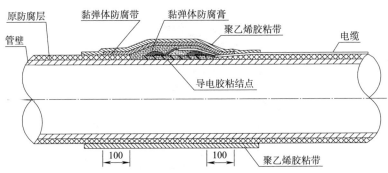

图 5.2-7 钢板与管道粘结及补伤图(单位:mm)

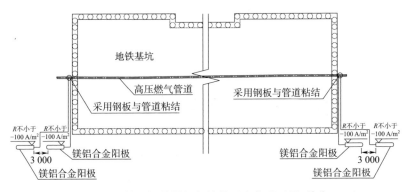

图 5.2-8 牺牲阳极的阴极保护装置安装平面图(单位:mm)

5.2.4 贝雷梁外悬吊刚性防护

悬吊系统第6、7、8跨燃气管均位于贝雷梁底,只能悬吊到贝雷梁外面,故必须采用管道刚性防护。管道刚性防护如图5.2-9所示。

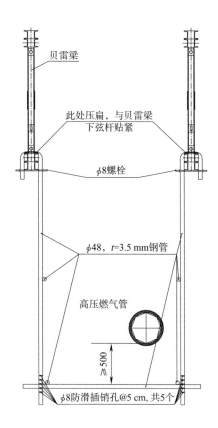

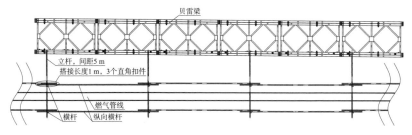

图 5.2-9 贝雷梁外悬吊刚性防护

刚性防护采用 ϕ48、3.5 mm 钢管搭设成框架形,上部压扁与贝雷梁下弦杆连接,下部采用旋转扣件与钢管连接,纵向间距 5 m。纵向布置 4 根钢管,底部横杆上设置 2 根,左右立杆上各设置 1 根,每根钢管长 6 m,钢管间采用十字扣件连接。

5.2.5 警示与警戒

悬吊系统安装完成后,在如下位置设置警戒、警示标识:

(1)贝雷梁底部、底部侧面各贴 2 条红白相间反光条,防止开挖、主体结构施工中碰撞,如图 5.2-10 所示。

图 5.2-10 贝雷梁底部与侧面各贴 2 条红白相间反光条

(2)悬吊系统顶部防撞架侧面、顶面拐角处以及彩钢瓦中部沿基坑纵向各设置 2 条红白相间反光条,以防起重吊装过程中对悬吊系统顶部产生碰撞,如图 5.2-11 所示。

(3)在弹簧吊架上缠两圈红白相间反光条,以防起重吊装碰撞。

(4)在东端头管道保护架侧面及底部粘贴红白相间反光条,以防碰撞。

第5章 高压特长燃气管纵跨地铁车站悬吊保护技术 · 151 ·

图 5.2-11 贝雷梁顶部红白相间反光条

（5）在贝雷梁侧面外侧挂设"内有燃气管""严禁碰撞""严禁烟火"等标语，如图 5.2-12 所示。

图 5.2-12 贝雷梁侧面外挂标语

5.2.6 主体结构顶板施作完成后的燃气管保护

为尽量减少悬吊保护的时间跨度,在相应段落顶板浇筑完成后,在顶板顶、管道底施作混凝土柱作为燃气管支撑柱,支撑柱每 6 m 一道,每一跨悬吊保护内的支撑柱施作完成并达到强度的 75% 后,即可拆除该跨的悬吊保护系统。

由于燃气管位于基坑中部靠南侧,基本位于中纵梁与顶板相交掖角处,以 6 号混凝土横撑处支撑柱大样为样板进行施作,如图 5.2-13 所示。

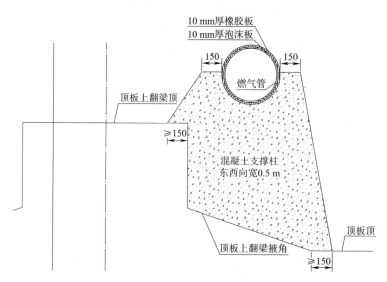

图 5.2-13 主体结构顶板施作完成后的燃气管保护(单位:mm)

5.3 本章小结

本章主要介绍了高压特长燃气管纵跨地铁车站基坑原位悬吊保护技术。悬吊由主支撑体系和悬吊体系组成。悬吊体系由恒力弹簧吊架、吊杆和扁钢管箍组成。

主支撑体系由围护桩、钢筋混凝土横梁、钢桁架支撑梁和附属设施组成。钢桁架支撑梁由主梁（两榀 321 加强型贝雷梁）、加固梁（I20a 工字钢）和悬吊梁（双拼槽钢）组成。附属设施为两侧走道板和米格防护网。

高压特长燃气管纵跨地铁车站基坑保护技术包括管体外包防护、防雷接地、牺牲阳极保护装置、贝雷梁外悬吊刚性防护、警示与警戒以及主体结构顶板施作完成后的燃气管保护技术。

第6章 高压特长燃气管纵跨地铁车站基坑变形控制技术

6.1 高压特长燃气管纵跨地铁车站基坑变形控制技术

6.1.1 恒力弹簧吊架

悬吊支承体系的选择与安装:为了避免温差变化过大,使用固定支架时产生对管道不利的附加应力,因此选用恒力弹簧吊架作为管道悬吊的支架。

恒力弹簧吊架的原理是在许可的负载位移下,负载力矩和弹簧力矩始终保持平衡。对用恒力弹簧吊架支承的管道,在发生位移时,可以提供恒定的支承力,而不会给管道带来附加应力,保证管道的安全。根据管道自身的物理性质、周边温度变化等信息,PHD33-150/15312X-M20型恒力弹簧吊架的位移控制值为 150 mm,见《恒力弹簧支吊架》(JB/T 8130.1—1999)。恒力弹簧吊架如图6.1-1所示。

图 6.1-1 恒力弹簧吊架

6.1.2 悬吊系统整体防晒棚

在贝雷梁顶部采用 50 mm×50 mm×5 mm 方管焊制防落物撞击骨架,与贝雷梁采用铁丝扎紧,上覆盖蓝色彩钢瓦防止太阳直晒管道,兼起防止落物掉落基坑以及管线防撞的作用,如图 6.1-2 所示。

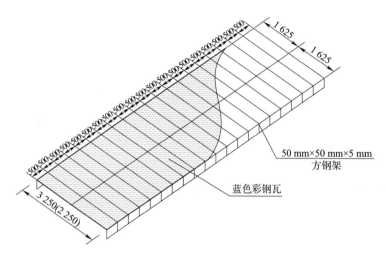

图 6.1-2 悬吊系统顶防撞架及防晒彩钢瓦大样图(单位:mm)

6.1.3 自动温控喷淋系统

沿高压燃气管上方敷设一条 $\phi 20$ 的高压水管,水管上每隔 3 m 设一个洒水孔,贝雷梁之间安装自动温度及烟雾感应装置,当温度超过 25 ℃时会自动打开喷淋系统进行降温,将管道外部温度维持在 25 ℃左右,还可以防火。

自动温控喷淋系统由温度传感器、温度开关组成。温度开关控制高压水管,当温度超过设置上限以后,温度开关自动打开水阀向管道内供水喷出水雾,从而使外部温度降低不超过温度上限。温度传感器每隔 10 m 布置一个,保证每个区域温度控制在一个水平,消除因管道自身温度不同而产生对管道不利的应力。

6.2 高压特长燃气管温度变形计算

6.2.1 悬吊系统整体防晒棚施加的依据

该站区域属亚热带湿润气候,四季分明,年平均气温 16.6 ℃,月平均最高气温 30.8 ℃,最低气温 0.7 ℃,年平均降雨量 993.9 mm,相对湿度 83%,无霜期 287 d,平均日照数 190.5 d。

最高温度 40 ℃,最低温度 −5 ℃,燃气管暴晒温度为 75 ℃,钢材的线膨胀系数为 $12×10^{-6}$ m/℃,燃气管长 230 m,则每升高 1 ℃,燃气管的伸长量为 2.76 mm。最大温差为 80 ℃,则最大伸长量为 220.8 mm,超过了本次选取的 PHD33-150/15312X-M20 型恒力弹簧吊架的位移控制值 150 mm。

同时,燃气管在暴晒中,随着温度的上升,其内部气压也增大,带来爆管的风险。因此,不能让燃气管暴晒,悬吊系统整体必须采用防晒棚。

6.2.2 恒力弹簧吊架选取的依据

采用 50 mm×50 mm×5 mm 方管和上覆盖蓝色彩钢瓦防晒棚,除了可以防止落物掉落基坑以及管线防撞的作用外,主要起到防止燃气管被暴晒的作用。防晒棚内最高气温为 40 ℃,最大温差为 45 ℃,对应的最大伸长量为 124.2 mm。

因此,选取 PHD33-150/15312X-M20 型恒力弹簧吊架,其最大位移控制值为 150 mm,满足要求。

6.2.3 自动温控喷淋系统选取的依据

由于该高压燃气管设计为埋设在地下,其工作温度小于 20 ℃,

在管道外侧包裹 5 cm 厚岩棉板(主要起保温、隔热作用)并在岩棉板外包裹 1 cm 厚橡胶板(主要起防撞和隔热作用)。

因 5 cm 厚岩棉板和 1 cm 厚橡胶板具有良好的隔热效果,故选择自动温控喷淋系统。当温度超过 25 ℃时会自动打开喷淋系统进行降温,将管道外部温度维持在 25 ℃左右,自动喷淋系统的水温为 16 ℃左右。

6.3 高压特长燃气管变形三维数值模拟分析

6.3.1 分析软件选取及建模考虑

1. 结构分析内容

ANSYS 大型通用软件除了结构分析外,还可以进行热、电磁场、流体和耦合场分析,功能多,前后处理强大。其中,结构分析内容如下:

(1)用于静态荷载的静力分析,可以考虑结构的线性及非线性行为,例如大变形、大应变、应力刚化、接触、塑性、超弹及蠕变等。

(2)模态分析,计算线性结构的自振频率及振形。谱分析是模态分析的扩展,用于计算由于随机振动引起的结构应力和应变(也叫作响应谱或 PSD)。

(3)谐响应分析,确定线性结构对随时间按正弦曲线变化的载荷的响应。

(4)瞬态动力学分析,确定结构对随时间任意变化的载荷的响应,可以考虑与静力分析相同的结构非线性行为。

(5)特征屈曲分析,用于计算线性屈曲载荷并确定屈曲模态形状(结合瞬态动力学分析可以实现非线性屈曲分析)。

(6)疲劳分析,用于模拟非常大的变形,惯性力占支配地位,并考虑所有的非线性行为,它的显式方程求解冲击、碰撞、快速成型等问题,是目前求解这类问题最有效的方法。

2. ANSYS 软件的优缺点

(1) ANSYS 是完全的 WWS 程序,从而使应用更加方便。

(2) 产品系列由一整套可扩展的、灵活集成的各模块组成,因而能满足各行各业的工程需要。

(3) 它不仅可以进行线性分析,还可以进行各类非线性分析。

(4) 它是一个综合的多物理场耦合分析软件,用户不但可以用其进行诸如结构、热、流体流动、电磁等的单独研究,还可以进行这些分析的相互影响研究。

因此,本次计算采用大型通用有限元软件 ANSYS15.0 进行,主要应用了软件的结构分析模块。

3. 建模考虑

高压特长燃气管支撑悬吊结构包括围护桩、混凝土横梁、混凝土梁上的门式支撑钢架、贝雷梁及其加固梁和悬吊梁、恒力弹簧吊架和吊杆与外包扁钢等。为了简化计算,同时又考虑真实反映支撑悬吊结构的力学特点,本次高压特长燃气管变形分析的建模考虑如下:

(1) 由于 7 根混凝土支撑横梁皆通过冠梁钢筋与围护桩相连并浇筑混凝土,属于刚性连接,同时围护桩和冠梁的刚度很大,可以有效支撑混凝土横梁,故在计算中不考虑冠梁和围护桩,直接将混凝土支撑横梁两端设置为固定端。

(2) 混凝土横梁与门式支撑钢架的连接采用刚性连接模拟,且门式支撑钢架各杆件皆采用梁单元模拟,所以要求现场的连接牢固可靠。

(3) 贝雷梁与混凝土梁以及门式支撑钢架的连接也采用刚性连接模拟,也要求现场的连接牢固可靠。

(4) 贝雷梁为桁架结构,各杆件采用杆单元模拟,相互间的节点为铰接。

(5) 加固梁和悬吊梁与贝雷梁的连接也采用铰接进行模拟,但加固梁和悬吊梁本身采用梁单元模拟。

(6) 吊杆采用杆单元模拟,吊杆与恒力弹簧吊架和高压燃气管间采用铰接。

(7)本次模拟计算中未考虑恒力弹簧吊架、扁钢管箍、走道板和米格防护网、悬吊系统整体防晒棚和自动温控喷淋系统,以及管体外包防护、防雷接地、牺牲阳极保护装置、贝雷梁外悬吊刚性防护、警示与警戒等,将其重量分担到贝雷梁和燃气管上,自重增加15%。

6.3.2 本构模型的选取及边界条件设置

混凝土梁、门式支撑钢筋、贝雷梁及其加固梁和悬吊梁、吊杆和燃气管皆采用线弹性本构模型:混凝土梁的弹性模量为 31.5 GPa,泊松比为 0.2,密度为 2 600 kg/m³;钢材的弹性模量为 200~210 GPa,泊松比为 0.3,密度为 7 800 kg/m³。

混凝土梁的两端全部约束 6 个方向的自由度,燃气管的两端也约束其 6 个方向的位移,燃气管采用梁单元模量,未考虑燃气压力和燃气质量。本次计算的单元总共为两种,杆单元选取 link180,梁单元选取 beam188,且 beam188 和 link180 皆为三维单元,beam188 还需要自定义梁的横截面。

6.3.3 结构杆件断面几何参数

本次模拟计算中各杆件的几何参数如下:

(1)混凝土梁长 20.9 m、宽 0.8 m、高 1.1 m,全部按直梁考虑,截面参数代码为梁 CB1。

(2)燃气管长 230 m,外径 377 mm,钢管厚 10 mm,截面参数代码为梁 GB2。

(3)贝雷梁 321 加强型,上下弦杆采用双槽钢[10 号,截面参数见型钢手册,其代码为杆 R2;腹杆(竖杆和斜杆)为 I8 工字钢,其截面参数代码为杆 R3。

(4)加固梁为 I20a 工字钢,其截面参数代码为梁 JB3;悬吊梁为双槽钢 8 号和 12 号,代码为梁 XB4、梁 XB5。

(5)门式支撑钢架斜撑和顶梁为 I20a 工字钢,立柱为 I25a 工字钢，其截面参数代码为梁 MZB6。

(6)吊杆为 M20 杆，其截面参数代码为杆 R1。

6.3.4 三维有限元模型建立

本次建模坐标系，选择混凝土梁的方向为 X 方向、燃气管走向为 Y 方向、悬吊杆竖向为 Z 方向，且坐标原点设在燃气管端部下 0.3 m 处。所建立的模型如图 6.3-1～图 6.3-8 所示。

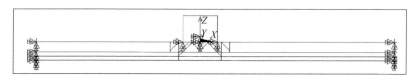

图 6.3-1 有限元模型侧面图

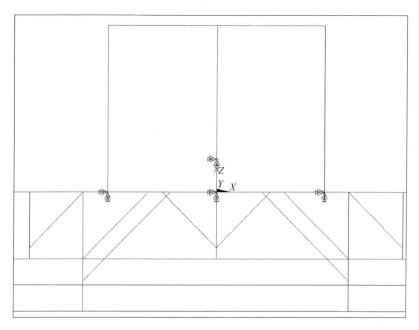

图 6.3-2 有限元模型侧面图（局部放大）

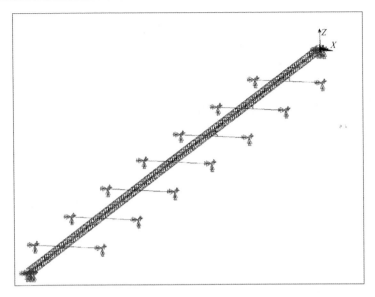

图 6.3-3 有限元模型三维视图

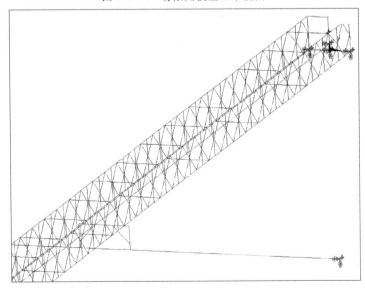

图 6.3-4 有限元模型三维视图(局部放大)

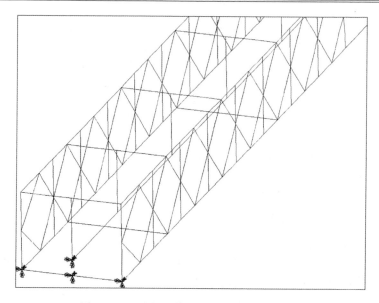

图 6.3-5　有限元模型三维视图（端部放大）

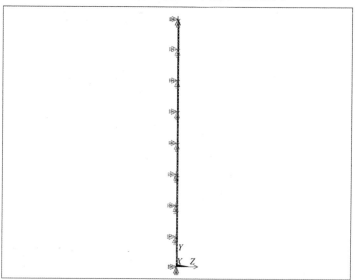

图 6.3-6　有限元模型立面

第6章 高压特长燃气管纵跨地铁车站基坑变形控制技术

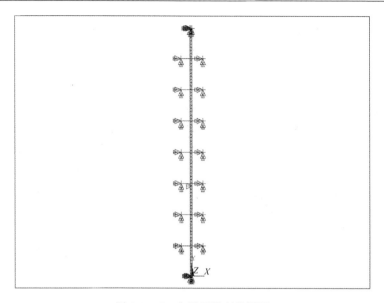

图 6.3-7 有限元模型俯视图

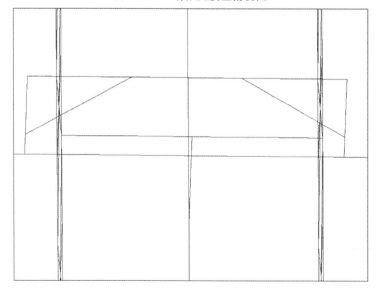

图 6.3-8 有限元模型局部放大图

6.3.5 高压特长燃气管变形三维数值模拟计算结果分析

本次数值模拟计算主要关注燃气管线的变形,悬吊保护的控制值为 20 mm,变形值超过控制值将引起燃气管开裂、破坏和爆炸。因此,燃气管悬吊保护中主要控制其变形值不要超过控制值 20 mm。

本次高压特长燃气管及其支撑悬吊结构变形数值模拟分析结果见表 6.3,最大的燃气管竖向变形为 17.15 mm,对应的水平方向位移为 0.84 mm。燃气管最大的总的变形为 17.17 mm,小于控制值 20 mm,满足悬吊保护要求。

表 6.3 高压特长燃气管及其支撑悬吊结构变形

燃气管、支撑结构	最大值	发生位置
贝雷梁Ⅰ竖向变形	15.42 mm	第4跨中部
贝雷梁Ⅱ竖向变形	15.28 mm	第4跨中部
燃气管竖向变形	17.15 mm	第4跨中部
贝雷梁Ⅰ水平位移	1.13 mm	第3跨中部
贝雷梁Ⅱ水平位移	1.16 mm	第3跨中部
燃气管水平位移	1.12 mm	第3跨中部
混凝土梁竖向变形	5.22 mm	第5跨中部

由计算结果可以看出,燃气管的变形主要来自贝雷梁、混凝土支撑横梁以及悬吊梁和吊杆,其中贝雷梁的变形为 10 mm 左右,占 60%;混凝土支撑横梁为 5 mm 左右,占 30%;而悬吊梁和吊杆仅为 2 mm 左右,占 10%。

因此,贝雷梁的变形是引起燃气管变形的主要来源,必须进行严格控制。

6.4 本章小结

本章介绍了高压特长燃气管纵跨地铁车站基坑变形控制技术,

变形控制主要由恒力弹簧吊架、悬吊系统整体防晒棚和自动温控喷淋系统组成。通过该车站气温变化进行了高压特长燃气管温度变形理论计算，最后给出了悬吊系统整体防晒棚施加、恒力弹簧吊架和自动温控喷淋系统选取的依据。

最高温度 40 ℃，最低 -5 ℃，暴晒温度为 75 ℃，则最大温差为 80 ℃，最大伸长量为 220.8 mm，超过了恒力弹簧吊架的位移控制值 150 mm。因此，悬吊系统整体必须采取防晒棚。

防晒棚除了可以防止落物掉落基坑以及管线防撞的作用外，主要起到防止燃气管被暴晒的作用。

防晒棚内最高气温为 40 ℃，最大温差为 45 ℃，对应的最大伸长量为 124.2 mm。因此，选取 PHD33-150/15312X-M20 型恒力弹簧吊架，其最大位移控制值为 150 mm。

由于该高压燃气管设计为埋设在地下，其工作温度小于 20 ℃，选择自动温控喷淋系统，采用的水温为 16 ℃，当温度超过 25 ℃ 时会自动打开喷淋系统进行降温，将燃气管的温度控制在 20 ℃。

采用大型通用 ANSYS 软件进行了高压特长燃气管变形有限元数值模拟分析，得出最大的燃气管竖向变形为 17.15 mm，对应的水平方向位移为 0.84 mm，其总的最大变形为 17.17 mm，小于控制值 20 mm，满足悬吊保护要求。

第7章 高压特长燃气管纵跨地铁车站悬吊保护施工技术

7.1 施工顺序及材料设备配置

地铁纵跨基坑特长高压燃气管原位悬吊保护施工流程如图7.1所示，所需材料与设备见表7.1-1和表7.1-2。

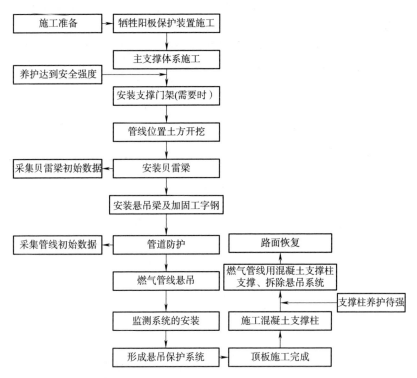

图7.1 地铁纵跨基坑特长高压燃气管原位悬吊保护施工流程

表 7.1-1 施工材料配置表

序号	项目名称	主要材料	规格	备注
1	混凝土横梁与门架连接	工字钢立柱	I25	根据实际情况确定
2		工字钢横梁	I20	根据实际情况确定
3		工字钢角撑	I20	根据实际情况确定
4		U形螺栓、双螺母		
5	贝雷梁及相关构件	贝雷片	321型	
6		贝雷梁顶加固工字钢	I20	
7		加固工字钢安装螺栓	U形	
8		双拼槽钢悬吊梁	[8,[12	根据实际跨度确定
9		恒力弹簧吊架		根据管道情况确定
10	管道外包层	岩棉软板	5 cm	
11		橡胶板	1 cm	
12	防雷系统	镀锌扁钢	40 mm×4 mm	
13		连接端子		
14	防腐系统	镁合金牺牲阳极阴极保护		
15	监控系统	视频监控系统		
16		燃气泄漏自动监控、报警系统		
17		CCD坐标仪		
18	自动温度系统	温度传感器		
19		自动喷淋系统		
20	悬吊系统顶巡查平台	钢管护栏	t	
21		走道板	3 m×0.5 m	
22		米格网		
23		方钢管	50 mm×50 mm×5 mm	
24		彩钢瓦		

表 7.1-2 主要施工设备配置表

序号	机械、设备名称	单位	数量	备注
1	16 t 龙门吊	台	1	
2	塔吊 GTZ(5513)	台	1	
3	装载机 ZL-50	台	1	
4	CAT330 挖掘机	台	6	
5	PC60 挖掘机	台	2	
6	自卸汽车	台	20	
7	搅拌机 JZM-350	台	1	
8	12 m^3/min 空压机	台	2	
9	5 m^3/min 空压机	台	3	
10	喷浆机 CP-7	台	2	
11	污水泵 7.5 kW	台	3	
12	潜水泵 3.5 kW	台	3	
13	电焊机 BX1-500	台	8	
14	ZN70 振捣棒	台	10	
15	风镐	台	5	
16	铁锹	把	50	
17	镐头	套	30	
18	铜质扳手	套	1	
19	橡胶锤	把	3	

7.2 高压特长燃气管纵跨地铁车站基坑原位悬吊施工技术

7.2.1 悬吊主支撑体系施工技术

悬吊主支撑体系由围护桩与钢筋混凝土横梁、混凝土横梁顶门架和钢桁架支撑梁组成。

1. 围护桩与钢筋混凝土横梁施工

围护桩采用钻孔灌注法施工(属于车站围护结构),钢筋混凝土

横梁采用现场浇筑法施工,其施工跨度宜在 30 m 左右。钢筋混凝土横梁的施工技术如下:

(1)开挖边线的确定

根据施工图进行混凝土横梁位置放样,在地面标出混凝土横梁中轴线,根据地面标高与混凝土横梁底标高以及开挖放坡坡度确定开挖坡顶线,并用白灰标识明显。

(2)混凝土横梁处土方开挖

土方开挖采用挖掘机分层进行,每开挖深度达 2 m 左右进行一次喷混凝土防护,燃气管周边 5 m 内的土体开挖采用机械配合人工进行,燃气管周边 1 m 内的土体全部采用人工开挖。开挖过程中由安全员采用手持式燃气探测仪进行漏气探测,如发现有漏气现象,必须立即停止施工,请燃气单位确认并采取有效措施后方可继续开挖。

开挖过程中,必须严格控制开挖方式,确保燃气管安全并且不破坏防腐层。随着开挖进度的推进进行现状燃气管影像资料的留存,主要包括燃气管变形情况、防腐层状况、燃气管周边条件。当一段燃气管管顶土方开挖完成后,立即进行该段管道坐标及高程初始值的采集,为后面监测系统的监测数据进行对比分析。开挖过程中发现防腐层现状较差时,需增加管道壁厚的探测。开挖横断面如图 7.2-1 所示,平面如图 7.2-2 所示,管底土方人工开挖如图 7.2-3 所示。

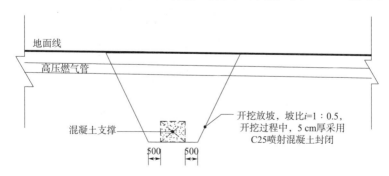

图 7.2-1 混凝土横梁开挖横断面图(单位:mm)

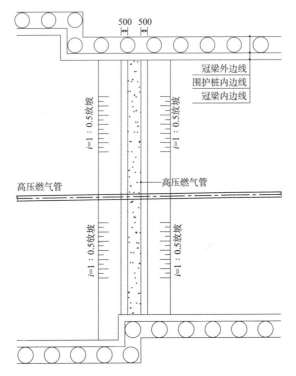

图 7.2-2　混凝土横梁开挖平面图(单位:mm)

图 7.2-3　管底土方人工开挖

(3)边坡防护

放坡坡度为1∶0.5,在边坡表面喷射5 cm厚C25混凝土,以确保边坡稳定。

(4)混凝土横梁浇筑

混凝土横梁钢筋绑扎前必须施作垫层,垫层厚5 cm。在横梁中部设置预拱,预拱度不小于$L/300$。混凝土横梁应与该位置冠梁一并进行浇筑,保证混凝土横梁与冠梁的整体性。浇筑过程中须注意振捣,浇筑完成后注意收面,混凝土终凝后覆盖洒水养护不少于7 d。混凝土横梁施工照片如图7.2-4所示。

图7.2-4　混凝土横梁施工照片

在混凝土支撑钢筋施工过程中,根据上部门架或贝雷梁位置设置地锚螺栓,以便与贝雷梁连接。

2. 混凝土横梁顶门架施工

由于管道的埋深不在同一高程上,但混凝土横撑在同一高程上,为保证贝雷梁的走向坡度与管道一致,将燃气管置于贝雷梁内,可以采用在每道混凝土横撑顶部安装不同高度的支撑门架,然后将贝雷梁安放在门架上方,保证贝雷梁与管道的走向坡度一致。一般段门架安装后如图 7.2-5 所示,较宽段如图 7.2-6 所示,施工照片如图 7.2-7 所示。

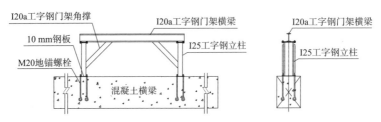

图 7.2-5　一般段门架安装图

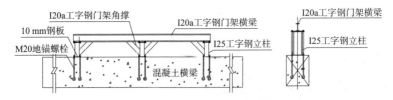

图 7.2-6　较宽段门架安装图

图 7.2-7　门架安装完成后照片

3. 贝雷梁的架设

贝雷梁进场检查合格后就近拼装,将贝雷梁单元从一道混凝土横梁处开始拼接到下一道混凝土横梁处,贝雷片单元之间按照专用使用手册进行拼装。贝雷梁与支撑门架连接固定方式如图 7.2-8~图 7.2-10 所示。如不设置支撑门架时,贝雷梁与混凝土横梁直接通过地锚连接,贝雷梁施工照片如图 7.2-11 所示。

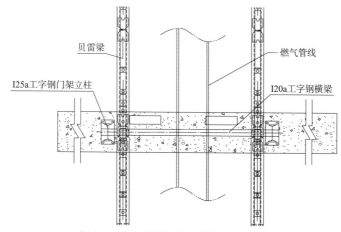

图 7.2-8 贝雷梁与支撑门架平面图

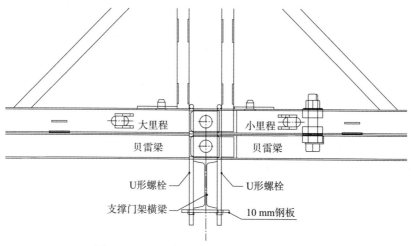

图 7.2-9 贝雷梁与支撑门架连接纵断面图

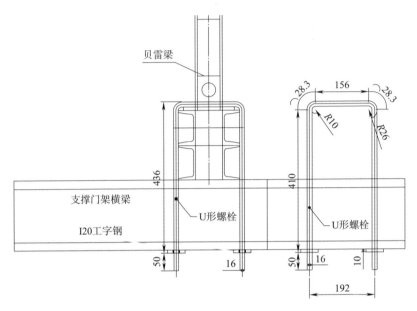

图 7.2-10　贝雷梁与支撑门架连接横断面图及螺栓大样图(单位:mm)

图 7.2-11　贝雷梁施工照片

4. 加固梁和悬吊梁的安装

贝雷梁安装后应立即安装加固工字钢。根据管道性质,悬吊梁选用合适的双拼槽钢(8 或者 12)进行安装。悬吊梁及加固工字钢与贝雷梁连接固定方式如图 7.2-12 和图 7.2-13 所示。

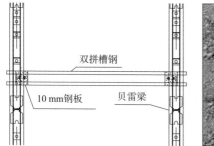

图 7.2-12　悬吊梁与贝雷梁固定连接图

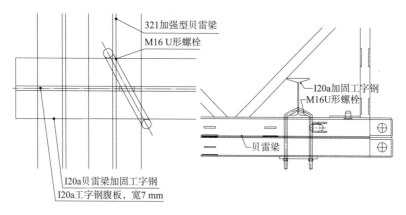

图 7.2-13　加固工字钢与贝雷梁固定连接图

悬吊梁与贝雷梁固定采用 10 mm 厚的钢板,大小根据实际情况而定,在钢板上面预留两个长孔,孔径比螺栓直径稍大,孔长 35 mm,以避免因加工误差导致现场无法安装,安装过程中必须增加垫圈。钢板与槽钢满焊,焊缝高不小于 6 mm。

I20 加固工字钢通过 M16 U 形螺栓与贝雷梁加固连接,在 I20a 工字钢钻取两个孔以便螺栓穿过固定。

5. 附属设施安装

附属设施包括两侧走道板和米格防护网,安装完成后如图 7.2-14 所示。

图 7.2-14 走道板和米格防护网安装完成后

利用贝雷梁固定工字钢在贝雷梁下弦杆处沿车站纵向在管道两侧各铺设一条能够施工走道板,以方便巡查、监测人员行走。走道板沿贝雷梁方向安装,与加固工字钢、悬吊梁采用铁丝绑扎牢固。在贝雷梁内侧铺设米格网,利用贝雷梁兼作护栏,米格网与贝雷梁采用铁丝绑扎。米格网搭接必须大于 2 个网孔,走道板必须与槽钢及工字钢采用 8 号铁丝绑扎牢固。

7.2.2 悬吊体系施工技术

每跨的主支撑体系形成以后立即进行悬吊体系施工。悬吊体系采用恒力弹簧吊架、吊杆和扁钢管箍。

恒力弹簧吊架置于双拼槽钢悬吊梁顶,安装如图 7.2-15 所示。在安装过程中测量放置弹簧吊架的准确位置,需将连接板尾部螺栓孔采用 U 形螺栓固定后再行与槽钢搭接周边焊接,焊接过程中必须注意漏气检测及焊渣掉落的保护。

为避免施工工具在安装过程中与贝雷梁、槽钢、工字钢等碰撞产生火花,需采用铜质工具(如铜质扳手)及橡胶工具(如橡胶锤)。

贝雷梁下土方开挖一跨必须架设一跨贝雷梁,安装一跨悬吊系统,遵循"开挖一跨保护一跨"的原则。

图 7.2-15 悬吊梁与恒力弹簧吊架连接图

7.3 高压特长燃气管纵跨地铁车站基坑保护施工技术

1. 燃气管外包防护

当管道周围土方开挖完成后,立即采用 50 mm 厚岩棉保温层、10 mm 厚橡胶板进行包裹保护,主要起保温、隔热、防晒和防撞作用。

2. 防雷接地

直击雷防护利用钢筋混凝土横梁门架内的主钢筋、金属贝雷梁及工字钢横梁本体作为接闪器及引下线;接地装置采用自然接地体,利用钢筋混凝土横梁门架内的主钢筋及与其焊接连通的地铁四周围护桩基础内的钢筋网,等电位接地线采用 40×4 热镀锌扁钢,冲击接地电阻 $R\leqslant 10\ \Omega$。

所有连接采用搭焊接,圆钢焊接长度不小于直径的 6 倍,扁钢焊接长度不小于扁钢宽度的 2 倍,且不少于三面施焊,并形成良好的电气通路,焊接处做防腐处理。

3. 牺牲阳极保护装置

牺牲阳极保护装置设于车站两端头,每端两部分,一端埋地部分,一端用钢板与管道粘结部分,两部分之间采用电缆连接。在道路旁进行埋深,采用水平开槽法施工,阳极埋设深度不小于 1 m,每端头放置 2 枚,间距 3 m。在埋设牺牲阳极时,注意阳极与管道之间不应有金属构筑物。连接要求如下:

(1)电缆先与钢板锡焊连接牢固后,再进行钢板与管道间的导电胶粘结。导电胶涂抹应均匀,要全面覆盖裸露金属面。粘结施工应按照导电胶厂家提供的说明书进行。粘结前应将管道防腐层除去,边缘切成坡口形,坡角小于 30°。用电动除锈工具使欲焊接处露出足够大小的金属光亮表面;电缆端应除去绝缘层,芯线应伸出 50 mm,电缆必须清洁、干燥、无油和无油脂。

(2)导电胶完全固化后应进行牢固性试验,合格后方可进行密封防腐处理。首先清除干净粘结处的杂物,采用黏弹体防腐膏对防腐层缺陷处进行填充,接着采用 300 mm 宽黏弹体防腐带贴补,应保证黏弹体防腐带与补伤处主体防腐层搭接不少于 100 mm,贴附应紧密,最后再用聚乙烯胶粘带外覆。补伤时应先填充热熔胶,再外包覆聚乙烯胶粘带,原防腐层应预先打毛。

(3)电缆粘结完成后,地面和地下均应留足余量(10%伸缩余量),以防土壤下沉时拉断电缆,敷设时宜贴在管壁顶部,每隔 5 m 用封口胶带与管道绑扎一次,在测量点旁应将电缆敷设成一个大的蝴蝶结,并用封口胶带将其固定在管子上,以减轻拉力。

(4)电缆粘结点位置不应在弯头上或管道焊缝两侧 200 mm 范围内。

4. 贝雷梁外悬吊刚性防护

刚性防护采用 $\phi 48$、3.5 mm 钢管搭设成框架形,上部压扁与贝雷梁下弦杆连接,下部采用旋转扣件与钢管连接。纵向布置 4 根钢管,底部横杆上设置 2 根,左右立杆上各设置 1 根。钢管间采用十字扣件连接,严禁对接扣件连接,以防落入基坑。贝雷梁外悬吊刚性防护施工完成后如图 7.3 所示。

图 7.3 贝雷梁外悬吊刚性防护

5. 主体结构顶板施作完成后的燃气管保护

在相应段落顶板浇筑完成后,在顶板顶、管道底施作混凝土柱作为燃气管支撑柱,每一跨悬吊保护内的支撑柱施作完成并达到强度的 75% 后,即可拆除该跨的悬吊保护系统。

7.4 高压特长燃气管纵跨地铁车站基坑变形控制施工技术

7.4.1 恒力弹簧吊架施工

对用恒力弹簧吊架支承的管道,在发生位移时,可以提供恒定的支承力,而不会给管道带来附加应力,保证管道的安全。恒力弹簧吊架与双拼的槽钢悬吊梁连接,连接完成后如图 7.4-1 所示。

7.4.2 悬吊系统整体防晒棚施工

在贝雷梁顶部采用方管焊制防落物撞击骨架(图 7.4-2),与贝雷梁采用铁丝扎紧,上覆盖蓝色彩钢瓦防止太阳直晒管道(图 7.4-3),兼起防止落物掉落基坑作用。

图 7.4-1　悬吊梁与恒力弹簧吊架连接

图 7.4-2　顶棚防护架安装施工

图 7.4-3　顶棚防晒彩钢瓦安装施工

7.4.3　自动温控喷淋系统施工

自动温控喷淋系统由温度传感器和温度开关组成。温度传感器每隔 10 m 布置一个,保证每个区域温度控制在一个水平,消除因管道自身温度不同而产生对管道不利的应力。

成型的悬吊保护系统如图 7.4-4 和图 7.4-5 所示。

图 7.4-4　成型的悬吊保护系统内部全景

图 7.4-5　成型的悬吊保护系统外部全景

7.5 施工安全质量与环保措施

7.5.1 安全措施

1. 总体安全管控措施

(1)对所有施工人员进行燃气管保护安全交底及三级安全教育,增强燃气管保护意识。

(2)燃气管周边5 m内的土体开挖采用机械配合人工进行,燃气管周边1 m内的土体全部采用人工开挖。开挖过程中,由安全员或安全协管员采用手持式燃气探测仪进行漏气探测,如发现有漏气现象必须立即停止施工,请燃气单位确认并采取有效措施后方可继续开挖。本管道输送的燃气主要成分为甲烷,故配置的手持式及固定式漏气检测仪必须以检测甲烷为主。

(3)施工围挡内严禁抽烟,钢筋连接全部采用直螺纹连接,现场燃气管周边30 m范围内严禁无防护焊接、切割钢筋等易产生火点的一切活动,动火作业前必须严格遵守动火申请制度。

动火作业必须注意如下事项:

①动火人必须持有经审批的动火证,严格按操作规程动火。

②动火前清除周围10 m范围内的易燃、易爆物品,遇有无法清除的易燃物必须采取可靠的隔离防火措施。动火区域必须有安全员或安全协管员看火,同时配备灭火器材。看火人员随时关注动火区及周边防火安全,不得随意脱岗。

③风力超过5级时不得进行高空动火作业,高空动火作业正下方必须使用接火斗。

④凡涉及电、气焊等操作的明火作业,操作人员必须持证上岗。

⑤动火完毕,必须对现场进行检查,确认无可复燃火灾隐患后方可离开。

(4)为避免施工工具在安装过程中与贝雷梁、槽钢、工字钢等碰撞产生火花,需采用铜质工具(如铜质扳手)及橡胶工具(如橡胶锤)。

(5)燃气管绝缘:借助燃气管原有牺牲阳极阴极保护措施,燃气外包岩棉隔热层及橡胶板,环、纵向必须保证有足够的搭接长度(不小于10 cm),钢管外露部位严禁接触悬吊体系。

(6)高温季节施工,不能将燃气管长期暴露在外面,需根据施工方案主要采用岩棉隔热层进行防晒。

(7)施工区域划分:悬吊系统两侧贝雷梁各向外平移1 m、贝雷梁顶部以上1.2 m、燃气管底1 m范围为燃气管保护区,保护区以内严禁吊装重物穿越。起吊物跨越保护区时,必须使用拉绳定位,由信号工、吊装指挥人员进行专业指挥,确保悬吊保护系统安全。在跨越吊装前必须经专职安全员确认并同意。

2. 混凝土横梁施工期专项安全管控措施

(1)混凝土横梁土方必须按方案要求的放坡坡度进行开挖,开挖后及时进行边坡防护,确保边坡土体稳定。

(2)燃气管上方土体开挖过程中安排专职安全员或安全协管员盯控燃气管外包防腐层是否完好,如出现破损立刻做好记录,并请天然气产权公司进行修补。

(3)混凝土浇筑过程中,燃气管保护区下方无法浇筑地段采用接长软管或加设溜槽的方式进行混凝土浇筑。

3. 悬吊保护施工过程专项安全管控措施

(1)在悬吊保护监控量测开始之前,悬吊系统监测必须连续进行。

(2)贝雷梁安装过程中,必须遵守开挖一跨悬吊一跨的原则顺序进行,确保燃气管安全。

(3)上横梁要设置监测人员通道,出现变形超限情况需要立即调整,主要通过吊杆螺栓调节标高,当调节量较大不能一次调到位时,分多次调节螺栓。

4. 基坑土方开挖及主体结构施工期间专项安全管控措施

(1)燃气管监测纳入基坑监测体系内进行数据联合分析,确保燃气安全。

（2）开挖施工中工程技术人员需盯控挖掘机、自卸车活动范围，必须严格控制在安全区域内进行施工。

（3）钢支撑安装：钢支撑重量大、长度长，吊装过程中必须保证悬吊系统安全、支撑系统安全及基坑内人员、物资安全。具体操作如下：

①在每班次吊装前必须进行试吊，以保证吊车支腿稳固。

②钢支撑分两节吊装，每节控制在 10 m 以内，钢支撑全部从一侧分节吊装到位，吊到开挖面后挖掘机配合倒运至相应位置后拼装成一整根，完成后采用龙门吊安装到指定位置。吊装绑扎必须经司索工及安全员检查合格方可吊装。

③在吊装及安装过程中，专职安全员或安全协管员全程监督。悬吊系统顶部及基坑内部各安排一名信号工进行吊装指挥，悬吊系统顶信号工主要控制支撑与悬吊系统的距离不小于 1 m，基坑内信号工主要控制放置位置。

④钢支撑吊装两端均需挂设缆风绳，并设专人进行控制，确保平稳吊装。

⑤钢支撑及钢腰梁尽量放置于车站两端头，以减少对悬吊系统的影响。

（4）因施工采用的材料形状各异，起吊较轻的长条形物体（如钢管、钢筋、方木、模板等），必须两端绑扎牢固，使用两根等长钢丝绳"八"字形双吊点吊装，确保两端平稳，以防倾覆；起吊零散物件（如螺栓、支架顶托、支架扣件等）采用专用吊装篮，以防在吊装过程中物件散落，吊装篮必须有两个吊点。一次只能吊装一种材料，严禁混装，且必须绑扎牢固，以防吊装过程中掉落砸到悬吊系统或人员。

7.5.2 质量控制措施

（1）在混凝土横梁土方开挖过程中，严格控制开挖方式，确保燃气管及防腐层安全，留存现状燃气管影像资料。当一段燃气管管顶土方开挖完成后,立即进行该段管道坐标及高程初始值的采集。

(2)地锚螺栓长度600 mm,直径20 mm,双螺栓紧固,横梁地锚螺栓预埋偏差必须控制在2 cm之内,且必须所有螺栓同向偏差。安装及混凝土浇筑过程中,采用门架底钢板样板进行相对位置确定。若将贝雷梁直接放置在混凝土横梁上不采用门架,地锚螺栓将直接与贝雷梁连接,预埋偏差必须控制在5 mm之内。

(3)必须注意横梁与冠梁钢筋、横梁横向部分与立柱部分钢筋的互锚质量,为确保门架形横梁受力条件,混凝土保护层控制在35 mm内,若门架底模一部分直接置于地面、一部分采用钢管支架搭设,需注意不均匀沉降,在钢管架部分设置1.5 cm预留沉降量。

(4)门架安装必须注意垂直度,安装过程中及安装后纵、横向检查必须使用水准尺,确保气泡居中。

(5)贝雷梁安装过程中前后位置偏差值控制在3 cm内,左右位置必须位于预埋螺栓中部。

(6)悬吊保护系统主要材料为钢材,在露天环境下,易受水流冲刷、钢材锈蚀等因素的影响,在使用过程中应特别注意维护,重点维护事项如下:定期检查桁架连接销的保险销、各种螺栓有无松动、丢失;对严重集水和易锈蚀部位应设法排水和防锈、涂漆、涂油;注意观察贝雷梁跨中挠度。如变化较大时,应查明原因,加以处理。

7.5.3 环保措施

(1)施工材料根据工程进度陆续进场,各种材料堆放分门别类,堆放整齐,标识清楚,预制场地做到内外整齐、清洁,施工废料及时回收,妥善处理。工人在完成一天的工作后,及时清理施工场地,做到工完场清。

(2)各类易燃易爆品入库保管,乙炔和氧气使用时,两瓶间距大于5 m以上存放时封闭隔离;划定禁烟区域,设置有效的防火器材。

(3) 合理安排作业时间,减少夜间施工,减少噪声污染,避免产生灰尘,经常洒水减少灰尘的污染,现场易产生尘土的材料堆放及运输要加以遮盖。

(4) 大门口应设置洗车槽,渣土车出入场地时对其进行冲洗,保证不污染道路路面,在施工场地内设置沉淀池,施工产生的污水经沉淀后方可排放。

7.6 自动化实时监测技术

7.6.1 燃气管漏气自动报警监测技术

在燃气管上安装漏气自动报警装置一套,漏气监测探头设在燃气管上方,每隔 10 m 安装一台,并连接到总报警器。自动报警装置设在现场指挥部办公室,安装好后先进行调试,调试时采用小瓶装天然气放在管下模拟漏气,如图 7.6-1 所示。

(a) 总控制器

(b) 监测探头

图 7.6-1 燃气自动漏气监测

7.6.2 燃气管变形自动化实时监测技术

1. 测点布置及初始值采集

需监测贝雷梁与燃气管位移及沉降量,同步实施,综合分析。根据贝雷梁跨度进行布置,每跨端头及跨中位置设置一组监测点,每组3个点,其中两侧贝雷片各1个,燃气管1个,燃气管监测点采用钢箍固定于燃气管上,贝雷梁上采用圆头十字螺栓作为监测点。

监测点布置完成后立即进行初始值的采集,并报第三方监测单位进行复核,确定后作为后续监测结果计算的基准值。

将燃气管监测纳入基坑施工监测项目,统一基准、综合分析,确保燃气和基坑总体安全。派专人实行24 h监测管理,采用自动化实时监测技术。

2. 支撑横梁两端地层深部位移自动化监测

采用自动测斜仪监测支撑横梁两端地层深部位移,有助于准确确定围护桩周边地层的倾斜和沉降变化趋势,确保特长高压燃气管悬吊体系的支撑横梁的位移在容许范围内。

自动测斜仪由角位移传感器和倾斜传感器组成。角位移传感器利用测斜管发生明显倾斜时产生的长度变化,从而测得倾斜管的深部位移。角位移传感器主要用于大位移测量,而倾斜传感器则能感知更细小的测斜管角度倾斜。

自动测斜仪综合采用伺服加速度计以及角位移传感原理,实现岩土体深部不同层位小变形及大变形联合观测,如图7.6-2所示。其主要器件如图7.6-3所示,其主要技术参数见表7.6-1。

表7.6-1 自动测斜仪主要技术参数

量 程	分 辨 力	防护等级	执行标准
测角范围±30°	角度分辨力:≤5″ 位移分辨力:≤5/3 600	IP68	《大坝观测仪器 测斜仪》 (SL 362—2006)

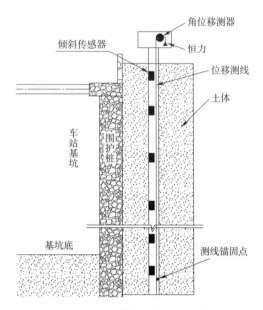

图 7.6-2　深部位移自动监测

图 7.6-3　自动测斜仪

3. 燃气管位移三维非接触自动化监测

采用三维非接触位移监测系统(CCD 坐标仪)监测燃气管的位移,该系统由安装在贝雷梁上的 CCD 模块和安装在稳定基础上的激光测距仪模块以及数据采集传输模块组成。该设备是采用 CCD 器件实现的一种非接触式自动化位移观测设备,利用激光测距仪高精度的测程得到一个方向变形分量,同时 CCD 模块记录激光点的位置变化可得到其他两个方向分量,从而得到变形区域监测点的三维变形。

CCD 坐标仪如图 7.6-4 所示,主要技术参数见表 7.6-2,监测原理如图 7.6-5 所示,现场安装如图 7.6-6 所示。

表 7.6-2　CCD 坐标仪主要技术参数

量　　程	分辨力	防护等级	执行标准
X:0～100 mm Y:0～100 mm Z:0～50 mm	0.02 mm	IP67	《光电式(CCD)垂线坐标仪》 (DL/T 1061—2007)

图 7.6-4　CCD 坐标仪

4. 低功耗无线数据采集

上述各类监测传感设备实现自动化的核心问题在于观测数据采集与远程传输,本智能监测方案基于低功耗无线数据采集站实现该核心功能,该型采集站支持振弦、模拟、数字类型信号接入,支持 GPRS/GSM 通信方式。

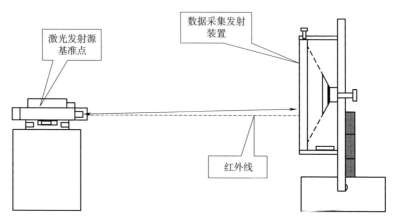

图 7.6-5 CCD 坐标仪监测原理示意图

图 7.6-6 CCD 坐标仪现场安装照片

全自动监测系统可以对燃气管位移数据进行实时监测,根据监测数据的反馈及时对恒吊上紧线器进行调整,保证燃气管线的位移在控制范围内。

如果监测设备条件不具备时可以采取常规的监测仪器进行监测:监测基点埋设在沉降影响范围以外的稳定区域内;应埋设至少两个基点,以便两个基点互相校核;基点的埋设要牢固可靠,基点应和附近水准点联测取得原始高程,并且基点应埋设在视野开阔的地方,以利于观测。常规监测方法及频率见表7.6-3。

表 7.6-3 悬吊系统监测项目及频率

序号	监测项目	方法及工具	量测频率
1	贝雷梁、燃气管竖向位移	精密水准仪、全站仪	1~2次/d
2	贝雷梁、燃气管水平位移	全站仪	1~2次/d

5. 监测预警与控制值

通过监测燃气管线的竖向位移和水平位移及时分析反馈,并对恒吊上紧线器进行调整,保证燃气管线的位移在控制范围内。监测控制值及预警值见表7.6-4。

表 7.6-4 监测控制值及预警值

监测项目	控制值	预警值
贝雷梁、燃气管沉降	20 mm	14 mm
贝雷梁、燃气管水平位移	20 mm	14 mm
地层深部位移	20 mm	14 mm

7.6.3 监测数据分析

燃气管悬吊和支撑体系完成后,及时施作监测点并采集初始数据,然后进行全自动实时监测,并通过常规精密水准仪和全站仪监测数据校核。

监测结果表明:在车站基坑开挖过程中,围护结构桩两侧地层深层位移以及燃气管支撑横梁、贝雷梁和燃气管本身位移比较大,而车站主体结构施工中的位移变化不大,未出现燃气漏气报警。其最大值见表7.6-5。在施工过程中,共有12处沉降超过报警值14 mm,其中燃气管有3处。通过对恒吊上紧线器进行调整,可保证燃气管线的位移在控制范围内。

燃气管最大沉降量为16.6 mm,小于各位移控制值,确保了特长高压燃气管纵跨地铁车站基坑原位悬吊与保护的施工安全。

表 7.6-5　车站基坑开挖和主体结构施工中位移最大值

监测项目	基坑开挖后	车站主体结构施工后
贝雷梁Ⅰ沉降	11.42 mm	14.83 mm
贝雷梁Ⅱ沉降	12.21 mm	14.52 mm
燃气管沉降	12.15 mm	16.60 mm
贝雷梁Ⅰ水平位移	2.62 mm	2.47 mm
贝雷梁Ⅱ水平位移	1.91 mm	2.22 mm
燃气管水平位移	2.13 mm	2.06 mm
地层深部位移	6.53 mm	7.23 mm
混凝土梁竖向变形	4.58 mm	4.71 mm

燃气管的变形主要来自贝雷梁、混凝土支撑横梁以及悬吊梁和吊杆。由最终的沉降监测数据可以看出，贝雷梁最大沉降为 9.95 mm 左右，占燃气管沉降最大值 16.60 mm 的 60%；混凝土支撑梁的最大变形为 4.71 mm，占 28.4%；悬吊梁和吊杆的变形为 1.94 mm，占 11.6%。因此，贝雷梁的变形是引起燃气管变形的主要来源，必须进行严格控制。

由监测值与计算值的比较可以看出：对于燃气管、贝雷梁和混凝土梁的竖向位移，数值计算值比现场监测值要大 0.5~0.8 mm，变化规律都相同，计算值大的原因是考虑了 15% 的荷载增加，实际上现场荷载增加没有这么大；而对于燃气管和贝雷梁的水平位移最大值，现场监测值比数值计算值要大 1.3 mm 左右，这是由于施工现场对燃气管有扰动而引起横向位移。

7.7　本章小结

（1）主要介绍高压特长燃气管纵跨地铁车站基坑原位悬吊保护施工技术，包括施工顺序及材料设备配置、原位悬吊与保护和变形控制施工技术以及施工中的安全质量与环保措施。

(2)建立了高压特长燃气管纵跨地铁车站基坑自动化实时监测技术,包括漏气自动报警监测、地层深部位移和燃气管位移三维非接触自动化监测技术以及低功耗无线数据采集。最后,给出了位移监测预警值与控制值,并进行了监测数据详细分析,满足要求,确保了在车站施工过程中高压特长燃气管纵跨基坑悬吊与保护的安全。

(3)在施工过程中,共有 12 处沉降超过了报警值 14 mm,其中燃气管有 3 处。可通过对恒吊上紧线器进行调整,保证燃气管线的位移在控制范围内。

(4)燃气管最大沉降量为 16.6 mm,小于各位移控制值,确保了特长高压燃气管纵跨地铁车站基坑原位悬吊与保护的施工安全。

(5)燃气管的变形主要来自贝雷梁、混凝土支撑横梁以及悬吊梁和吊杆,由最终的沉降监测数据可以看出,贝雷梁的变形是引起燃气管变形的主要来源(占 60%),必须进行严格控制。

(6)由监测值与计算值的比较可以看出:对于燃气管、贝雷梁和混凝土梁的竖向位移,数值计算值比现场监测值要大 0.5~0.8 mm,变化规律都相同,计算值大的原因是考虑了 15% 的荷载增加,实际上现场荷载增加没有这么大;而对于燃气管和贝雷梁的水平位移最大值,现场监测值比数值计算值要大 1.3 mm 左右,这是由于施工现场对燃气管有扰动而引起横向位移。

第 8 章　研究结论

8.1　主要结论

1. 车站施工监测

(1)由地表沉降监测数据可以看出:地表沉降趋势与施工开挖深度呈正比,基坑开挖后,外侧土压力作用在围护结构上,导致围护结构向基坑内侧变形,基坑周边地表土随之沉降;在钢支撑及时架设后,该段地表沉降基本稳定,基底封闭后,地表沉降呈收敛趋势,基坑顶板施工后,基本收敛。地表沉降最大值发生在测点 DB18-1,其累计值为 -34.3 mm,接近但小于预警值 35 mm,满足地表沉降控制要求。

(2)桩顶竖向位移监测最大值为 -7.60 mm,桩顶水平位移监测最大值为 17.42 mm,均小于预警值 20 mm,满足控制要求。

(3)由围护桩测斜变形曲线可以看出:围护桩测斜变形趋势与施工开挖进度呈正比,基坑开挖至钢支撑架设前的 1~2 d 时间内,是围护桩测斜变形的最大时段;随着钢支撑的架设,对应部位围护桩测斜变形基本趋于平缓,底板垫层施工封闭成环时,变形基本收敛;当主体结构施工钢支撑拆除阶段,围护桩测斜再次产生小幅波动,基坑顶板达到一定强度后,完全收敛;桩体侧向变形监测最大值为 25.25 mm,小于预警值 30 mm,满足要求。

(4)由钢支撑轴力变化曲线可以看出:支撑架设后因平衡围护结构桩的外侧土压力,轴力将逐渐上涨;随着开挖至基底,垫层施工封闭成环后基本稳定;在钢支撑拆除阶段,对应位置上一层钢支撑轴力有较大涨幅,然后逐渐稳定至支撑拆除;当底板、中板、顶板达到一定强度时,对应支撑将谨慎拆除,故第一层支撑作用时间最长,而后逐层递减。最大轴力监测值为 1 448.58 kN,小于钢支撑轴力设计预警值 1 750 kN,满足要求。

(5)地下水位变化幅度比较大,最大水位降低－5.33 m,超过规范规定值 1 m,需要采取及时回灌措施,减少水位降低,控制地表沉降。

2. 高压特长燃气管纵跨地铁车站基坑原位悬吊技术

(1)开发了由主支撑体系和悬吊体系组成的高压特长燃气管纵跨地铁车站基坑原位悬吊技术,悬吊体系由恒力弹簧吊架、吊杆和扁钢管箍组成,主支撑体系由围护桩、钢筋混凝土横梁、钢桁架支撑梁和附属设施组成。钢桁架支撑梁由主梁(两榀 321 加强型贝雷梁)、加固梁(I20a 工字钢)和悬吊梁(双拼槽钢)组成。

(2)开发了高压特长燃气管纵跨地铁车站基坑保护综合技术,包括燃气管体外包防护(5 cm 厚岩棉板和 1 cm 厚橡胶板)、防雷接地、牺牲阳极保护装置、贝雷梁外悬吊刚性防护、警示与警戒以及主体结构顶板施作完成后的燃气管保护技术。

3. 高压特长燃气管纵跨地铁车站基坑原位悬吊变形控制技术

(1)开发了高压特长燃气管纵跨地铁车站基坑变形控制技术,变形控制主要由恒力弹簧吊架、悬吊系统整体防晒棚和自动温控喷淋系统组成。

(2)通过该车站气温变化进行了高压特长燃气管温度变形理论计算,给出了悬吊系统整体防晒棚、恒力弹簧吊架和自动温控喷淋系统选取的依据。

(3)最高温度 40 ℃,最低温度－5 ℃,晒温度为 75 ℃,则最大温差为 80 ℃,最大伸长量为 220.8 mm,超过了恒力弹簧吊架的位移控制值 150 mm。因此,悬吊系统整体必须采取防晒棚。

(4)防晒棚除了可以防止落物掉落基坑以及起到管线防撞的作用外,主要起防止燃气管被暴晒的作用。防晒棚内最高气温为40 ℃,最大温差为 45 ℃,对应的最大伸长量为 124.2 mm。因此,选取 PHD33-150/15312X-M20 型恒力弹簧吊架,其最大位移控制值为 150 mm。

(5)由于该高压燃气管设计为埋设在地下,其工作温度小于 20 ℃,选择自动温控喷淋系统,采用的水温为 16 ℃,当温度超过 25 ℃时会自动打开喷淋系统进行降温,将燃气管的温度控制在 20 ℃,且 5 cm 厚岩棉板和 1 cm 厚橡胶板能确保燃气管在外界温度为 25 ℃时管体表面温度为 20 ℃。

(6)采用大型通用 ANSYS 软件进行了高压特长燃气管变形有限元三维数值模拟分析,得出最大的燃气管竖向变形为 17.15 mm,对应的水平方向位移为 0.84 mm,发生在第 5 跨跨中,其总的最大变形为 17.17 mm,小于控制值 20 mm,满足悬吊保护要求。

(7)由计算结果和监测数据可以看出,燃气管的变形主要来自贝雷梁、混凝土支撑横梁以及悬吊梁和吊杆,其中贝雷梁的变形是引起燃气管变形的主要来源(占 60%),必须进行严格控制。

4. 高压特长燃气管纵跨地铁车站基坑原位悬吊施工技术

(1)总结了高压特长燃气管纵跨地铁车站基坑原位悬吊保护施工技术,包括施工顺序及材料设备配置、原位悬吊与保护和变形控制施工技术以及施工中的安全质量与环保措施。

(2)建立了高压特长燃气管纵跨地铁车站基坑自动化实时监测技术,包括漏气自动报警监测、地层深部位移和燃气管位移三维非接触自动化监测技术以及低功耗无线数据采集,并给出了确保燃气管安全的位移监测预警值与控制值。

(3)现场监测结果表明,在车站基坑开挖过程中,围护结构桩两侧地层深层位移以及燃气管支撑横梁、贝雷梁和燃气管本身位移比较大,而车站主体结构施工中的位移变化不大,未出现燃气漏气报警。

(4)在施工过程中,共有 12 处沉降超过报警值 14 mm,其中燃气管有 3 处;可通过对恒吊上紧线器进行调整,保证燃气管线的位移在控制范围内;所有的监测数据都小于各位移控制值,确保了特长高压燃气管纵跨地铁车站基坑原位悬吊与保护的施工安全。

(5)由监测值与计算值的比较可以看出:对于燃气管、贝雷梁和混凝土梁的竖向位移,数值计算值比现场监测值要大 0.5～0.8 mm,变化规律都相同,计算值大的原因是考虑了 15% 的荷载增加,实际上现场荷载增加没有这么大;而对于燃气管和贝雷梁的水平位移最大值,现场监测值比数值计算值要大 1.3 mm 左右,这是由于施工现场对燃气管有扰动而引起横向位移。

8.2 主要创新点

(1)开发了由主支撑体系和悬吊体系组成的高压特长燃气管纵跨地铁车站基坑原位悬吊技术,悬吊体系由恒力弹簧吊架、吊杆和扁钢管箍组成,主支撑体系由钢筋混凝土横梁、门式钢架、钢桁架支撑梁主梁(两榀 321 加强型贝雷梁)及其加固梁(I20a 工字钢)和悬吊梁(双拼槽钢)组成。

(2)开发了高压特长燃气管纵跨地铁车站基坑原位保护综合技术,包括燃气管体外包防护(5 cm 厚岩棉板和 1 cm 厚橡胶板)、防雷接地、牺牲阳极保护装置、贝雷梁外悬吊刚性防护、警示与警戒以及主体结构顶板施作完成后的燃气管保护技术。

(3)开发了高压特长燃气管纵跨地铁车站基坑变形控制技术,变形控制主要由恒力弹簧吊架、悬吊系统整体防晒棚和自动温控喷淋系统组成,并给出了选取的理论依据。

(4)建立了高压特长燃气管纵跨地铁车站基坑自动化实时监测技术,包括漏气自动报警监测、地层深部位移和燃气管位移三维非接触自动化监测技术以及低功耗无线数据采集,现场监测数据与高压特长燃气管变形有限元三维模拟计算结果一致,最后给出了确保燃气管安全的位移监测预警值与控制值。

8.3 经济效益

针对成都地铁 4 号线二期工程十陵站施工,解决了纵跨基坑特

长 $\phi377$ 高压燃气管线进行原位悬吊保护的技术难题,加快了施工进度,节省了管线改迁的费用,避免了改迁高压燃气管线管道停气改迁或带气改迁给社会造成非常大的负面影响和安全风险,同时该技术可行性强,获得了成都地铁公司、中铁二院监理、广州地铁设计院的高度评价。

(1)对迁改难、成本高、影响大的纵跨基坑高压燃气管使用该技术,可以避免管线迁改的难题,加快施工进度,节约迁改费用,从而大大地降低了施工的时间成本和费用成本。

(2)悬吊保护系统中大部分主要设备都是可以重复再利用的,不会造成资源耗费,改迁一次投入大量资源,这些资源一般不会重复使用,资源耗费很大。可见,该工法在城市工程施工中遇到类似情况时可大量推广使用。

(3)在成都地铁 4 号线二期工程中该技术得到了成熟的运用,在十陵站 $\phi377$ 高压燃气管线悬吊保护过程中总共节约成本约 400 万元。

特别是高压燃气管纵穿地铁车站基坑原位悬吊施工技术在国内施工过程中尚属首次应用,获批中国电建集团工法"高压燃气管纵穿地铁车站基坑原位悬吊施工工法",实用新型专利"一种高压燃气管道的悬吊装置""一种用于露天燃气管道的保护装置""一种用于高压燃气管道与恒力弹簧吊架的连接装置"3 项,获 2017 年度中国电建科学技术奖三等奖。

通过在成都地铁 4 号线二期工程东延线十陵站的成功应用,为以后在工程建设过程中遇到迁改难、成本高、影响大的高压燃气管线进行悬吊保护奠定了基础,积累了宝贵的经验,具有推广价值。由于现在地铁施工项目越来越多,城市中管线密集,遇到与基坑冲突的管线很多,该技术具有广阔的应用前景。

参考文献

[1] 王永军,温法庆,纪方,等.地铁车站110 kV高压管线原地保护技术[C]//中国城市科学研究会.第六届智慧城市与轨道交通国际峰会论文集.北京:中国城市出版社,2019.

[2] 程万里.管线保护对地铁车站设计的影响:以桩间挡板和盾构平移为例[J].价值工程,2019,38(23):213-214.

[3] 戴旭,赵少飞,张浩琛,等.竖井施工对邻近管线水平位移影响的研究[J].地下空间与工程学报,2018,14(S2):838-844.

[4] 王凯旋,王雨,康荣学,等.新建管线近距离上跨地铁车站的安全控制分析[J].中国安全科学学报,2018,28(12):89-95.

[5] 崔青玉,白雪梅,张聚旺.横跨地铁车站次高压燃气管就地支托保护设计[J].工程建设与设计,2011(9):146-150,153.

[6] YU Z F, WANG X J. Myanmar-China Oil and Gas Pipeline Project[C].Calgary:Proceedings of the Biennial International Pipeline Conference,2014.

[7] LI X, HUANG K, LU H F, et al. Stress Analysis of Suspended Gas Pipeline[J]. Applied Mechanics and Materials,2014(448-453):1359-1362.

[8] CAO Z Z, ZHOU Y J, XU P, et al. Deformation and Safety Assessment of Shallow-buried Pipeline under the Influence of Mining[J]. Electronic Journal of Geotechnical Engineering,2014(19):9051-9064.

[9] 姜伟,胡长明,梅源.某地铁车站深基坑工程管线悬吊施工技术[J].建筑技术,2011,42(6):534-536.

[10] 王景斌.北京地铁十号线双井车站施工技术研究[D].北京:中国地质大学,2010.

[11] 朱康宁.浅埋暗挖隧道下穿次高压燃气管保护方案[J].现代隧道技术,2012,49(2):142-146.

[12] JIAN C G;SU W, ZHANG H, et al. Application of Cold Water Spray in Mine Heat Hazard Control[J]. Applied Mechanics and Materials,2011(71-

78):2375-2381.

[13] 李海洋.富水砂质地层的地铁区间隧道设计[J].现代隧道技术,2012,49(2):104-109.

[14] 应金星,陈友建,祁世亮,等.在富水流砂地层中开挖隧道所遇管线的支护装置:202402795U[P].2012-08-29.

[15] 苏无疾,吕晓晔,陈李渊,等.天然气管道大跨度悬吊保护在西安地铁施工中的应用[J].中国科技信息,2011(4):83-84,97.

[16] 李政.燃气引入管变形处理对策[J].煤气与热力,2010,30(7):57-59.

[17] 谭信荣,陈寿根,王靖华.软弱富水地层隧道下穿燃气管道变形控制技术[J].铁道建筑,2011(11):43-46.

[18] 陈勇.埋地管道在地震波作用下的变形研究[D].成都:西南交通大学,2013.

[19] V I POKHMURS′KYI,L M BILYI,YA I ZIN′. Corrosion-resistant Inhibited Coatings for Welded Joints of Pipelines [J]. Materials Science, 2013 (49):281-291.

[20] WANG C J. Application of Bilateral Interactive Sacrificial Anode Protection Technology to PCCP Anticorrosion[J]. China Water and Wastewater,2014, 30(15):92-94.

[21] 袁洪波,宋印强.环氧煤沥青防腐层辅助牺牲阳极法阴极保护防腐技术在城市天然气埋地钢制管道上的应用[J].城市燃气,2005(3):3-8.

[22] 胡衍利.牺牲阳极保护法在天然气管道防腐中的应用[J].硅谷,2010(24):121,175.

[23] 晋春云,王瑞召,张宏杰.牺牲阳极法阴极保护在蛇口燃气管道的应用[J].腐蚀与防护,2008(7):410-411,413.

[24] 覃敏华.工业园区埋地燃气钢质管道的防腐蚀设计[J].城市道桥与防洪,2008(8):198-201,226.

[25] JIA Z G,REN L,LI H N,et al. Experimental Study of Pipeline Leak Detection Based on Hoop Strain Measurement[J]. Structural Control and Health Monitoring,2015,22(5):799-812.

[26] 李枝琳,董静,许文仪.一种用于地下管线监测的采集器:北京,CN204406652U[P].2015-06-17.

[27] 高富强,刘翠然,张坤. 一种监测地下管线沉降用的测点装置:河南, CN103913155A[P]. 2014-07-09.

[28] 江甜甜,杨占勇. 地下管线安全监测系统[J]. 仪表技术与传感器,2012(5): 55-57.

[29] 许丽涛. 埋地金属管线腐蚀监测装置和方法:江苏, CN101846615A[P]. 2010-09-29.

[30] DGJ 08-102—2003 城镇高压、超高压天然气管道工程技术规程[S].

[31] NB/T 47038—2019 恒力弹簧支吊架[S].